PRODUCE 101 JAPAN SEASON 2 FAN BOOK

PRODUCE
101
JAPAN
SEASON 2

SoftBank

JN073673

PRODUCE 101 JAPAN SEASON 2 とは…

"国民プロデューサー" と呼ばれる視聴者による国民投票で勝ち残った練習生たちが
デビューするサバイバルオーディション番組のシーズン 2 である

2019年に日本で放送され、瞬く間に話題となったサバイバルオーディション番組『PRODUCE 101 JAPAN』。応募総数 6000 人より選ばれた 101 名からスタートし、様々なミッションに挑戦。番組最終回では、生放送中に国民プロデューサーの投票により最終デビューメンバーを決定。見事勝ち抜いたメンバー 11 人は、「JO1」として 2020 年 3 月にデビューを果たした。そして 2021 年 4 月、第二弾となる『PRODUCE 101 JAPAN SEASON2』が幕を開けた。国民投票によって選ばれる 11 人とは……。新たなアイドルグループとしてデビューするのは一体誰なのか……。

本書は、そんな『PRODUCE 101 JAPAN SEASON2』の収録を元に、最終デビューメンバー 11 人が選出される前までの道のりと、記録写真を収録したフォトブックである。合宿先やステージの舞台裏、収録前後のリラックスした表情など、練習生たちの素が見える瞬間や、数々のミッションを通して深め合った絆を感じられるオフショットを多数盛り込んだ。今回は、練習生一人ひとりの魅力が伝わる、厳選のソロカットで構成したプロフィールページを収録。また、撮影の合間のコメントを随所に掲載し、彼らの魅力が詰まった直筆のアンケート回答なども紹介する。

安積 夢大 AZUMI MUTA

チーム **ビッグドリーム**　　出身　**大阪府**

生年月日　**2001 年 8 月 19 日**　　身長　**175cm**　　体重　**57kg**　　血液型　**O 型**

趣味　**ダンス**　　特技　**スーパーのレジの早打ち、カゴ詰め**

クラス分け　**D → D**　　順 位　**58 位 → 53 位 → 52 位 → 56 位**

MEMBER PROFILE

阿部 創 ABE HAJIME

チーム **DU Quintet**　出身 **東京都**

生年月日 **2000年10月19日**　身長 **178cm**　体重 **60kg**　血液型 **O型**

趣味 **古着屋巡り**　特技 **マスオさんのモノマネ**

クラス分け **D → B**　　順位 **57位 → 58位 → 58位 → 59位**

新井 遥紀 ARAI HARUKI

出身 千葉県

生年月日 **2001 年 3 月 17 日**　身長 **170cm**　体重 **52kg**　血液型 **A 型**

趣味 **ゴルフ、漫画**　特技 **ダンス（LiteFeet、R & B）、帽子を使ったトリック**

順位　**86 位**

飯沼 アントニー IINUMA ANTHONNY

チーム **Team-A**　出身 **フィリピン**

生年月日 **2004年2月13日**　身長 **172cm**　体重 **51kg**　血液型 **AB型**

趣味 **バドミントン、絵を描くこと**　特技 **変顔、膝で歩けること**

クラス分け	A → A	順位	9位 → 11位 → 9位 → 11位

飯吉 流生 IIYOSHI RUI

チーム **White Lover**　出身　**新潟県**

生年月日　**1998 年 10 月 25 日**　身長　**178cm**　体重　**59kg**　血液型　**B 型**

趣味　**弾き語り**　特技　**サッカー**

クラス分け　**C → B**　　順 位　**30 位 → 41 位 → 38 位 → 38 位**

池﨑 理人 IKEZAKI RIHITO

チーム **T-RAP** 　出身 **福岡県**

生年月日 **2001年8月30日** 　身長 **178cm** 　体重 **63kg** 　血液型 **O型**

趣味 **映画鑑賞** 　特技 **ドラム、ギター弾き語り（洋楽）、似顔絵**

クラス分け	C → D	順 位	11位 → 12位 → 14位 → 15位

池田 悠里 IKEDA YURI

出身　埼玉県

生年月日　2001 年 10 月 23 日　　身長　179cm　　体重　62kg　　血液型　A 型

趣味　歌、猫を触る　　特技　顔マネ、V 字腹筋

順位　88 位

池本 勝久　IKEMOTO KATSUHISA

出身　兵庫県

生年月日　**2004年6月13日**　　身長　**172cm**　　体重　**57kg**　　血液型　**B型**

趣味　**サッカー観戦、漫画を読む**　　特技　**ボーカル（バラード）、サッカー**

順位　　**66位**

井筒 裕太 IZUTSU YUTA

チーム **DK WEST**　　出身　**大阪府**

生年月日　**2003 年 8 月 16 日**　　身長　**171cm**　　体重　**58kg**　　血液型　**A 型**

趣味　**ゲーム、ダンス**　　特技　**リフティング**

クラス分け	B → B

順 位	45 位→ 30 位→ 34 位→ 30 位

岩田 和真 IWATA KAZUMA

出身　埼玉県

生年月日　2001 年 1 月 10 日　　身長　170cm　　体重　57kg　　血液型　O 型

趣味　YouTube 鑑賞、映像制作　特技　フリースタイルダンス

順 位　　71 位

ヴァサイェガ 光 VASAYEGH HIKARU

チーム **D フライト**　出身 **埼玉県**

生年月日 **1999 年 3 月 30 日**　身長 **182cm**　体重 **68kg**　血液型 **？型**

趣味 **筋トレ、振り付け**　特技 **ダンス（HipHop、R&B）、車の運転、ペルシャ語**

クラス分け **C → C**　順位 **16 位→ 19 位→ 22 位→ 27 位**

上田 将人　UEDA MASATO

チーム　**チャ・チャ・ラブ**　　出身　**静岡県**

生年月日　**1999 年 5 月 28 日**　　身長　**184cm**　　体重　**70kg**　　血液型　**A 型**

趣味　**食べること、音楽、映画、筋トレ**　　特技　**料理（チャーハン、パスタ）**

クラス分け　**F → D**　　順位　**19 位→ 38 位→ 37 位→ 36 位**

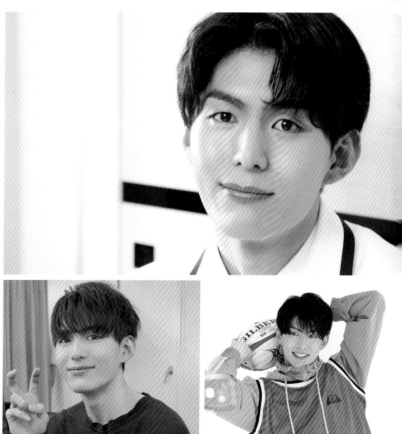

上原 貴博 UEHARA TAKAHIRO

チーム **SUPER MENSORE**　出身 **沖縄県**

生年月日 **1999 年 10 月 7 日**　身長 **171cm**　体重 **54kg**　血液型 **A 型**

趣味 **ダンス、パルクール、映像編集**　特技 **アクロバット**

クラス分け **C → C**　順位 **42 位→ 34 位→ 39 位→ 44 位**

内田 正紀 UCHIDA MASAKI

チーム **チャ・チャ・ラブ** 出身 **愛知県**

生年月日 **1997年9月19日** 身長 **171cm** 体重 **55kg** 血液型 **B型**

趣味 **弾き語り、カラオケ** 特技 **よさこい、少林寺拳法**

クラス分け **D → C** 順位 **34位→ 47位→ 44位→ 40位**

枝元 雷亜 EDAMOTO RAIA

チーム　White Lover　　出身　北海道

生年月日　1999 年 6 月 5 日　　身長　180cm　　体重　63kg　　血液型　A 型

趣味、特技　和太鼓

クラス分け　D → D　　　順 位　59 位→ 54 位→ 50 位→ 54 位

大久保 波留 OKUBO NALU

チーム **DK WEST**　出身 **福岡県**

生年月日 **2004年7月3日**　身長 **175cm**　体重 **60kg**　血液型 **A型**

趣味 **サッカー**　特技 **総合格闘技、えくぼにビー玉を詰められる**

クラス分け C → D　**順位** 13位→8位→8位→10位

太田 駿静 OTA SHUNSEI

チーム	WEST セレクション	出身 福岡県

生年月日 **1999 年 11 月 6 日**　身長 **168cm**　体重 **56kg**　血液型 **A 型**

趣味 **YouTube 視聴**　特技 **身体が柔らかい、ボイパ**

クラス分け　**C → B**　　順位　**6 位→ 15 位→ 15 位→ 14 位**

大和田 歩夢 OWADA AYUMU

チーム　ジェットマリーンズ　　出身　千葉県

生年月日　2000 年 7 月 13 日　　身長　175cm　　体重　54kg　　血液型　AB 型

趣味　ホラー映画を見ること　　特技　ラップ、エレキギター

クラス分け　F → D

順位　23 位→ 35 位→ 41 位→ 31 位

岡田 玲旺 OKADA REO

出身 **東京都**

生年月日 **2004年8月8日**　身長 **160cm**　体重 **47kg**　血液型 **A型**

趣味 **野球**　特技 **バドミントン**

順位 **61位**

岡本 怜 OKAMOTO REN

出身　広島県

生年月日　1998 年 2 月 16 日　　身長　166cm　　体重　52kg　　血液型　A 型

趣味　映画鑑賞、ダンス　特技　天ぷらを揚げる

順位　64 位

尾崎 匠海 OZAKI TAKUMI

チーム　浪速のプリンス　　出身　大阪府

生年月日　1999年6月14日　　身長　173cm　　体重　60kg　　血液型　O型

趣味　アニメ　特技　ボーカル（バラード）

| クラス分け | A → A | 順位 | 14位→6位→5位→5位 |

折原 凜太郎 ORIHARA RINTARO

出身　埼玉県

生年月日　2000 年 11 月 6 日　　身長　180cm　　体重　60kg　　血液型　B 型

趣味　服、カラオケ　　特技　スタイリング、感情系フリースタイルダンス

順位　94 位

梶田 拓希 KAJITA HIROKI

出身　静岡県

生年月日　**2002 年 5 月 17 日**　　身長　**179cm**　　体重　**60kg**　　血液型　**A 型**

趣味　**K-POP のダンスを見る、お喋り**　　特技　**ミミズの動き、手押し相撲**

順 位　**62 位**

加藤 大地 KATO DAICHI

出身 福島県

生年月日 1998年3月12日　　身長 173cm　　体重 56kg　　血液型 O型

趣味 車とゲーム　　特技 アクロバット、ダンス（R&B）

順位 84位

MEMBER PROFILE

川村 海斗 KAWAMURA KAITO

出身 **東京都**

生年月日 **2000 年 7 月 23 日**　身長 **166cm**　体重 **52kg**　血液型 **A 型**

趣味 **音楽を聴く**　特技 **作詞（ラップ、バラード系）、パフォーマンス**

順位 **70 位**

MEMBER PROFILE

北山 龍磨 KITAYAMA RYOMA

チーム **SUPER MENSORE**　　　出身 **沖縄県**

生年月日 **2000年1月4日**　身長 **175cm**　体重 **59kg**　血液型 **O型**

趣味 **YouTubeでK-POP関連を見ること**　特技 **将棋（初級）、サッカー、テニス**

クラス分け **C → B**　　順位 **32位→31位→35位→42位**

木村 柾哉 KIMURA MASAYA

チーム **DU Quintet**　出身 **愛知県**

生年月日 **1997 年 10 月 10 日**　身長 **175cm**　体重 **60kg**　血液型 **B 型**

趣味 **散歩、映画鑑賞**　特技 **ダンス**（HipHop、Jazz）

クラス分け B → A　**順位** 1 位 → 2 位 → 1 位 → 1 位

栗田 航兵 KURITA KOHEI

チーム **WEST セレクション**　　出身 **愛媛県**

生年月日 **2002 年 1 月 27 日**　　身長 **173cm**　　体重 **54kg**　　血液型 **A 型**

趣味 **国内・海外旅行**　　特技 **フィンランド民謡を歌う**

クラス分け　**C → D**　　順位　**17 位 → 17 位 → 19 位 → 20 位**

小池 俊司 KOIKE SYUNJI

チーム **DU Quintet** 出身 **埼玉県**

生年月日 **2002年11月24日** 身長 **176cm** 体重 **63kg** 血液型 **A型**

趣味 **映像制作、デザイン、ダンス** 特技 **アクロバット（少し）**

クラス分け **A → A** 順位 **46位→39位→29位→26位**

国分 翔悟 KOKUBU SHOGO

出身 神奈川県

生年月日 1996年1月30日　身長 174cm　体重 59kg　血液型 O型

趣味 ウクレレ、散歩、カラオケ　特技 コサックダンス

順位 69位

古島 虹 KOJIMA NIJI

出身　神奈川県

生年月日　2004 年 5 月 19 日　　身長　171cm　　体重　46kg　　血液型　B 型

趣味　サッカー、ギター、映画鑑賞　　特技　ギター、リフティング

順位　93 位

古瀬 直輝 KOSE NAOKI

チーム　リベンジャーズ　　出身　大阪府

生年月日　1998年11月11日　　身長　168cm　　体重　58kg　　血液型　O型

趣味、特技　ピアノ、韓国語（2つとも勉強中！）

| クラス分け | B→A | 順位 | 49位→28位→20位→17位 |

児玉 龍亮 KODAMA RYUSUKE

チーム **KTS**　出身 **静岡県**

生年月日 **2003 年 6 月 12 日**　身長 **178cm**　体重 **68kg**　血液型 **O 型**

趣味 **ダンサーさんのダンスを見ること**　特技 **バスケットボール**

クラス分け **D → C**　順位 **52 位 → 55 位 → 53 位 → 53 位**

後藤 威尊 GOTO TAKERU

チーム　浪速のプリンス　　出身　大阪府

生年月日　1999年6月3日　　身長　176cm　　体重　56kg　　血液型　AB型

趣味　読書　　特技　和太鼓、モノマネ、バスケ、サッカー

クラス分け　C→B　　順位　5位→9位→11位→9位

小林 大悟 KOBAYASHI DAIGO

チーム **DU Quintet**　　　出身　**東京都**

生年月日　**2002 年 1 月 21 日**　　身長　**173cm**　　体重　**57kg**　　血液型　**B 型**

趣味　**映画鑑賞、写真を撮ること、ダンス**　　特技　**耳を動かすこと**

クラス分け　**A → B**　　順位　**22 位→ 25 位→ 23 位→ 22 位**

小堀 柊 KOBORI SHU

チーム ティーン EAST　　出身 東京都

生年月日　2003年2月11日　　身長 171cm　　体重 51kg　　血液型 ？型

趣味 アイドルの動画をみる、カバーダンス　　特技 スポーツ全般

クラス分け　C → F　　　順位　54位 → 43位 → 36位 → 34位

MEMBER PROFILE

酒井 優人 SAKAI YUUTO

出身　京都府

生年月日　1999 年 8 月 27 日　　身長　176cm　　体重　56kg　　血液型　O 型

趣味　映画を見ること、料理　　特技　筋トレ、ダンス（スタイル、クランプ）

順 位	90 位

阪本 航紀 SAKAMOTO KOUKI

チーム ジェットマリーンズ　　出身 千葉県

生年月日 2001年1月9日　　身長 171cm　　体重 58kg　　血液型 A型

趣味 洋画鑑賞　特技 バスケ、お喋り

クラス分け	D → B
順位	35位 → 32位 → 30位 → 35位

佐久間 司紗 SAKUMA TSUKASA

チーム **TOKYO ブラザーズ**	出身 **東京都**		
生年月日 **2000 年 7 月 17 日**	身長 **166cm**	体重 **58kg**	血液型 **O 型**
趣味 **ASMR 鑑賞、サッカー**	特技 **変顔**		

クラス分け **D → C**　　順位 **50 位 → 45 位 → 47 位 → 49 位**

笹岡 秀旭 SASAOKA HIDEAKI

チーム **DU Quintet**　　出身　**埼玉県**

生年月日　**2000 年 9 月 23 日**　　身長　**173cm**　　体重　**55kg**　　血液型　**O 型**

趣味　**カブトムシを捕まえる**　　特技　**楽曲制作**（作詞・作曲・編曲 MIX マスタリング）

| クラス分け | C → B |
| 順位 | 39 位 → 26 位 → 32 位 → 33 位 |

佐藤 頼輝 SATO RAITO

出身　北海道

生年月日　2002 年 1 月 12 日　　身長　168cm　　体重　52kg　　血液型　B 型

趣味　フリースタイルダンス、ラップ、ボーイズグループの研究　　特技　野球

順位　74 位

佐野 雄大 SANO YUDAI

チーム **浪速のプリンス** 出身 **大阪府**

生年月日 **2000年10月10日** 身長 **178cm** 体重 **58kg** 血液型 **AB型**

趣味 **ゲーム、DIY** 特技 **モノマネ**

クラス分け **D → F** 順位 **3位→5位→6位→7位**

MEMBER PROFILE

篠ヶ谷 歩夢 SHINOGAYA AYUMU

チーム **チャ・チャ・ラブ**　出身 **静岡県**

生年月日 **2001年7月24日**　身長 **175cm**　体重 **58kg**　血液型 **A型**

趣味 **カバーダンス**　特技 **水泳**

クラス分け **F → C**　順位 **28位→46位→45位→43位**

篠原 瑞希 SHINOHARA MIZUKI

チーム **TOKYO ブラザーズ**　出身 **東京都**

生年月日 **1999 年 6 月 19 日**　身長 **170cm**　体重 **51kg**　血液型 **B 型**

趣味 **検定試験を受けること**　特技 **歌を歌うこと、ダンス**

クラス分け	順位
F → B	**25 位→ 37 位→ 28 位→ 24 位**

MEMBER PROFILE

島 フリオ 太一郎 SHIMA JULIO TAICHIRO

出身　メキシコ モンテレイ州

生年月日　2001 年 1 月 5 日　　身長　175cm　　体重　54kg　　血液型　A 型

趣味　楽曲製作　特技　ギター、ダンス

順位　73 位

清水 裕斗 SHIMIZU YUTO

出身　長野県

生年月日　**2002年8月2日**　　身長　**184cm**　　体重　**69kg**　　血液型　**AB型**

趣味　**スポーツ、友達と遊ぶこと**　　特技　**スポーツ**

順位　**87位**

許 豊凡 XU FENGFAN

チーム **Team-A**　　出身 **中国・浙江省**

生年月日 **1998 年 6 月 12 日**　　身長 **176cm**　　体重 **58kg**　　血液型 **A 型**

趣味 **ポケモン対戦バトル、写真、アート鑑賞**　　特技 **日本語・英語・韓国語**

クラス分け **C → B**　　順 位 **7 位→ 10 位→ 10 位→ 12 位**

髙 昇舗 TAKA SHOSUKE

出身　沖縄県

生年月日　2005年2月9日　　身長　170cm　　体重　45kg　　血液型　A型

趣味　歌、ゲーム　　特技　ボーカル（感情系）、ダンス（HipHop）

順位　89位

髙塚 大夢 TAKATSUKA HIROMU

チーム　ビッグドリーム　　　出身　東京都

生年月日　1999 年 4 月 4 日　　身長　167cm　　体重　49kg　　血液型　O 型

趣味　生き物の飼育　　特技　ボーカル（Rock）、ギター、ボイパ、工作

クラス分け　B → A　　　順 位　8 位→ 13 位→ 12 位→ 8 位

髙橋 航大 TAKAHASHI WATARU

チーム KTS　　出身 埼玉県

生年月日 2000年12月3日　　身長 171cm　　体重 53kg　　血液型 A型

趣味 映画を見ること　　特技 サッカー、K-POPのダンスカバー

クラス分け	D → C	順位	31位→40位→42位→41位

田川 祐輔 TAGAWA YUSUKE

出身　長崎県

生年月日　**1999年8月17日**　　身長　**171cm**　　体重　**58kg**　　血液型　**A型**

趣味　**ショッピング、人間観察**　　特技　**ボーカル（R&B）、ダンス（HipHop、R&B）、空手**

順位　**81位**

田島 将吾 TAJIMA SHOGO

チーム　Kフェニックス　　出身　東京都

生年月日　1998年10月13日　　身長　179cm　　体重　60kg　　血液型　A型

趣味　散歩、読書、作曲、ドラマ　　特技　ダンス（HipHop、K-POP）、ドラム、ラップ

クラス分け　A→A　　順位　2位→1位→2位→2位

多和田 大祐 TAWADA DAISUKE

チーム　ティーン EAST　　出身　愛知県

生年月日　2004 年 1 月 9 日　　身長　176cm　　体重　62kg　　血液型　A 型

趣味　K-POP をみる、大食いを見る　　特技　親指を曲げる、耳を曲げる

クラス分け　D → F　　順位　33 位→ 42 位→ 46 位→ 48 位

恒松 尚輝 TSUNEMATSU NAOKI

出身　宮崎県

生年月日　2001年1月17日　　身長　169cm　　体重　60kg　　血液型　B型

趣味　スポーツ、歌うこと、カラオケ　　特技　ちょっとだけギターを弾ける、バスケ

順位　79位

坪井 悠斗 TSUBOI HARUTO

出身 三重県

生年月日 **2002 年 1 月 16 日**　　身長 **172cm**　　体重 **63kg**　　血液型 **A 型**

趣味 **ダンス、音楽を聴くこと、ご飯を食べる**　　特技 **ダンス、アクロバット**

順位 **65 位**

鶴藤 遥大 TSURUFUJI HARUTO

出身 愛媛県

生年月日 2002年11月10日　身長 176cm　体重 54kg　血液型 B型

趣味 漫画、映画　特技 ダンス（HipHop）

順位 91位

MEMBER PROFILE

テコエ 勇聖 TEKOE YUSEI

チーム　いきなりスマイル　　出身　三重県

生年月日　1998 年 7 月 4 日　　身長　176cm　　体重　64kg　　血液型　AB 型

趣味　寝る、難しい会話を聞く　　特技　ダンス（スタイル、HipHop）、アクロバット

クラス分け　B → A　　順位　15 位→ 18 位→ 18 位→ 18 位

寺尾 香信　TERAO KOSHIN

チーム **DK WEST**　出身 **広島県**

生年月日 **2003 年 8 月 5 日**　身長 **169cm**　体重 **58kg**　血液型 **A 型**

趣味 **近所を散歩すること**　特技 **野球、ピアノ、囲碁**

| クラス分け | C → B | 順 位 | 48 位 → 16 位 → 13 位 → 13 位 |

堂園 海翔 DOZONO KAITO

出身　鹿児島県

生年月日　2002年5月16日　　身長　174cm　　体重　60kg　　血液型　A型

趣味　スポーツ　特技　ボーカル（バラード）、モノマネ

順位　78位

冨澤 岬樹　TOMIZAWA MISAKI

出身 東京都

生年月日 2001 年 10 月 2 日　　**身長** 172cm　　**体重** 57kg　　**血液型** ？型

趣味 空を見る　　**特技** ダンス（HipHop）

順位 99 位

内藤 廉哉 NAITOU RENYA

チーム **KANSAI 新鮮組**　　出身　**兵庫県**

生年月日　**2002 年 11 月 2 日**　　身長　**173cm**　　体重　**52kg**　　血液型　**AB 型**

趣味　**城巡り**　　特技　**変顔、アパレル店員のモノマネ**

クラス分け　**D → F**　　順位　**27 位→ 48 位→ 51 位→ 55 位**

中野 海帆 NAKANO KAIHO

チーム **T-RAP** 　出身 **大阪府**

生年月日 **1999 年 1 月 24 日**　身長 **173cm**　体重 **67kg**　血液型 **O 型**

趣味 **ダンス、スケートボード、ピアノ**　特技 **フィンガーボード、アクロバット**

クラス分け **B → D**　　順位 **53 位 → 20 位 → 21 位 → 23 位**

中野 智博 NAKANO TOMOHIRO

出身　神奈川県

生年月日　2001 年 11 月 25 日　　身長　172cm　　体重　60kg　　血液型　A 型

趣味　カラオケ、パルクール、お笑いを見ること　　特技　中島みゆきさんの声まね

順 位　　95 位

仲村 冬馬 NAKAMURA TOMA

チーム **Team-A**　出身 **インドネシア・バリ**

生年月日 **1998 年 2 月 21 日**　身長 **178cm**　体重 **65kg**　血液型 **O 型**

趣味 **旅行、食べること**　特技 **ギター**

クラス分け	A → A	順 位	24 位 → 27 位 → 25 位 → 21 位

西 洸人 NISHI HIROTO

チーム **いきなりスマイル**　出身 **鹿児島県**

生年月日 **1997年6月1日**　身長 **173cm**　体重 **64kg**　血液型 **AB型**

趣味 **ゲーム、アニメ**　特技 **サッカー、リフティング**

クラス分け **A → C**　順位 **4位→3位→3位→4位**

西島 蓮汰 NISHIJIMA RENTA

チーム **K フェニックス**　　出身　**長崎県**

生年月日　**2003 年 2 月 16 日**　　身長　**180cm**　　体重　**60kg**　　血液型　**A 型**

趣味　**サッカー、温泉巡り**　　特技　**K-POP ダンス、韓国語ラップ**

クラス分け	A → C	順 位	10 位 → 7 位 → 7 位 → 6 位

西山 知輝 NISHIYAMA TOMOKI

チーム　ジェットマリーンズ　　出身　千葉県

生年月日　1998 年 2 月 11 日　　身長　171cm　　体重　57kg　　血液型　B 型

趣味　バスケ、カラオケ、ダーツ　　特技　バスケ、モノマネ（ディズニー、志村けんさん）

クラス分け　F → C　　順位　36 位→ 56 位→ 56 位→ 58 位

西山 智樹 NISHIYAMA TOMOKI

出身　東京都

生年月日　**2000 年 2 月 23 日**　身長　**171cm**　体重　**54kg**　血液型　**A 型**

趣味　**描画、料理**　特技　**ダンス（R&B、HipHop、poppin）**

順位　**63 位**

野地 章吾 NOJI SHOGO

出身　福島県

生年月日　2003 年 2 月 22 日　　身長　168cm　　体重　61kg　　血液型　A 型

趣味　映画鑑賞、音楽　　特技　ダンス、歌、瞬間であだ名を付けられる

順 位　72 位

橋本 瞳瑠 HASHIMOTO HITORU

出身 愛知県

生年月日 2003年8月23日　　身長 173cm　　体重 55kg　　血液型 A型

趣味 ダンス動画を見ること　　特技 ダンス（クランプ）、アクロバット

順位　77位

MEMBER PROFILE

服部 息吹 HATTORI IBUKI

チーム **KANSAI 新鮮組**　　出身　**兵庫県**

生年月日　**2001 年 5 月 7 日**　　身長　**176cm**　　体重　**60kg**　　血液型　**O 型**

趣味　**サッカー、ダンスを見ること**　　特技　**笑顔で誰よりも楽しそうに歌い踊る**

クラス分け　**C → D**　　順位　**29 位→ 44 位→ 49 位→ 51 位**

MEMBER PROFILE

平本 健 HIRAMOTO KEN

チーム **DK WEST**　　出身 **兵庫県**

生年月日 **2004 年 12 月 18 日**　　身長 **169cm**　　体重 **48kg**　　血液型 **B 型**

趣味 **サッカー、ゲーム**　　特技 **ダンス (R&B、K-POP)、日本のラップ**

クラス分け **B → D**　　順位 **20 位 → 22 位 → 26 位 → 29 位**

福島 零士 FUKUSHIMA REIJI

チーム **TOKYO ブラザーズ** 出身 **東京都**

生年月日 **1998年4月14日** 身長 **183cm** 体重 **68kg** 血液型 **B型**

趣味 **80年代邦楽、絵を描くこと** 特技 **どこでも寝られる**

クラス分け **C → B** 順位 **51位→59位→59位→57位**

福田 歩汰 FUKUDA AYUTA

チーム **ティーン EAST**　　出身 **栃木県**

生年月日 **2003 年 3 月 30 日**　　身長 **174cm**　　体重 **56kg**　　血液型 **O 型**

趣味 **音楽鑑賞、ダンス**　　特技 **バスケットボール、お腹で波打ち**

クラス分け **D → F**　　順位 **21 位 → 29 位 → 33 位 → 37 位**

福田 翔也 FUKUDA SHOYA

チーム **Dフライト**　　出身 **栃木県**

生年月日 **1997年9月12日**　　身長 **166cm**　　体重 **62kg**　　血液型 **O型**

趣味 **犬とランニング**　　特技 **ヒールを履いてダンスができる**

クラス分け **B → A**　　順位 **41位 → 21位 → 17位 → 19位**

藤 智樹 FUJI TOMOKI

出身 大阪府

生年月日 2000年3月26日　　身長 172cm　　体重 62kg　　血液型 A型

趣味 YouTube を見ること　　特技 人を笑顔にするダンス（オールジャンル）

順位 76位

藤原 拓海 FUJIHARA TAKUMI

出身 広島県

生年月日 2000年2月28日　　身長 173cm　　体重 62kg　　血液型 A型

趣味 スノーボード　　特技 ダンス（HipHop）、ジャパネットたかたさんの声マネ

順位 97位

藤牧 京介 FUJIMAKI KYOSUKE

チーム　もぎたてアルプス　　出身　長野県

生年月日　1999 年 8 月 10 日　　身長　168cm　　体重　58kg　　血液型　A 型

趣味　歌うこと、サウナ　　特技　歌うこと、野球

クラス分け　B → A　　　　順 位　12 位 → 4 位 → 4 位 → 3 位

MEMBER PROFILE

藤本 世羅 FUJIMOTO SERA

チーム　もぎたてアルプス　　出身　山梨県

生年月日　1999 年 3 月 23 日　　身長　178cm　　体重　61kg　　血液型　O 型

趣味　ゲーム、英語の勉強、YouTube 視聴　　特技　モノマネ

クラス分け　D → D　　順位　43 位→ 50 位→ 55 位→ 52 位

古江 侑豊 FURUE YUTO

チーム **WEST セレクション**　　出身 **広島県**

生年月日 **2002 年 3 月 5 日**　身長 **180cm**　体重 **58kg**　血液型 **O 型**

趣味 **フットサル**　特技 **サッカー**

クラス分け **F → C**　　順 位 **60 位→ 60 位→ 60 位→ 60 位**

堀 蒼太 HORI SOTA

出身　熊本県

生年月日　**1999 年 6 月 15 日**　　身長　**170cm**　　体重　**58kg**　　血液型　**B 型**

趣味　**ダンス、カフェ、温泉巡り**　　特技　**変なイラストを描く**

順位　**75 位**

本多 大夢 HONDA HIROMU

出身　神奈川県

生年月日　2000 年 7 月 10 日　　身長　175cm　　体重　62kg　　血液型　B 型

趣味　ギター、映画鑑賞　　特技　バスケ、感情を込めて歌う事

順 位　　83 位

松田 迅 MATSUDA JIN

チーム SUPER MENSORE　　**出身** 沖縄県

生年月日 2002 年 10 月 30 日　　**身長** 171cm　　**体重** 51kg　　**血液型** B 型

趣味 バスケットボール、漫画　　**特技** ダンス（ロック）、工藤新一のモノマネ

クラス分け C → C　　**順位** 47 位→ 24 位→ 27 位→ 25 位

松本 旭平 MATSUMOTO AKIHIRA

チーム **White Lover** 　出身 **宮城県**

生年月日 **1994 年 1 月 11 日** 　身長 **182cm** 　体重 **62kg** 　血液型 **A 型**

趣味 **音楽、舞台鑑賞** 　特技 **殺陣**

クラス分け	D → D	順位	44 位→ 33 位→ 31 位→ 39 位

MEMBER PROFILE

丸林 健太 MARUBAYASHI KENTA

出身　大阪府

生年月日　2002年3月2日　　身長　170cm　　体重　50kg　　血液型　A型

趣味　ダンス、ラップ、スケボー、UFOキャッチャー　　特技　ダンス、ラップ

 順位　98位

三浦 由暉 MIURA YUKI

出身　愛知県

生年月日　2001 年 12 月 24 日　　身長　172cm　　体重　49kg　　血液型　O 型

趣味　映画鑑賞、作詞、脚本を書く　　特技　スポーツ

順位　67 位

三佐々川 天輝 MISASAGAWA TENKI

チーム リベンジャーズ　　出身 広島県

生年月日 1999年6月1日　　身長 179cm　　体重 58kg　　血液型 AB型

趣味 スキンケア、音楽を聞く　　特技 まつ毛にシャープペンシルの芯が5本のる

クラス分け D → F　　順位 56位 → 52位 → 54位 → 50位

宮崎 永遠 MIYAZAKI TOWA

出身 福島県

生年月日 2002年3月19日　身長 177cm　体重 58kg　血液型 O型

趣味 音楽鑑賞　特技 HipHop (New Jack Swing)、R&B、ハウス、バク転

順位 80位

宮下 紀彦 MIYASHITA NORIHIKO

チーム　もぎたてアルプス　　出身　長野県

生年月日　1999 年 12 月 16 日　　身長　167cm　　体重　56kg　　血液型　O 型

趣味　歌、筋トレ　　特技　片手腕立て伏せ、胸筋を動かす、ガチャピンの顔マネ

| クラス分け | D → D | 順位 | 40 位 → 36 位 → 40 位 → 45 位 |

向山 翔悟 MUKOYAMA SYOGO

出身 東京都

生年月日 2002 年 3 月 15 日　身長 171cm　体重 60kg　血液型 A 型

趣味 スノーボード、楽曲製作　特技 ダンス（R&B、HipHop）、パンケーキ作り

順位 82 位

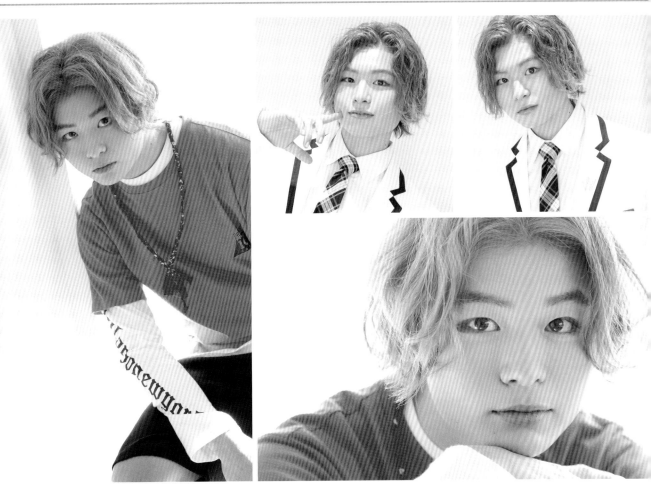

MEMBER PROFILE

村松 健太 MURAMATSU KENTA

チーム **いきなりスマイル**　　出身　**東京都**

生年月日　**2000 年 4 月 25 日**　　身長　**186cm**　　体重　**66kg**　　血液型　**O 型**

趣味　**イタリア料理**　　特技　**ラップ（Trap ミュージック、オールドスクール）、モノマネ、演技**

クラス分け　**C → D**　　順位　**38 位 → 23 位 → 24 位 → 28 位**

森井 洸陽 MORII HIROAKI

チーム **KANSAI新鮮組**　　出身 **京都府**

生年月日 **2000年1月21日**　　身長 **181cm**　　体重 **65kg**　　血液型 **A型**

趣味 **読書、ファッション、DJ**　　特技 **楽器（エレキギター、エレキベース）、DJ**

クラス分け　**F → F**　　順位　**18位→ 14位→ 16位→ 16位**

森崎 大祐 MORISAKI DAISUKE

出身　兵庫県

生年月日　**2001年5月5日**　　身長　**176cm**　　体重　**58kg**　　血液型　**O型**

趣味　**スポーツ、アニメ**　　特技　**ダンス、ラップ、韓国語、ピアノ**

 順位　**68位**

安江 律久 YASUE RICK

チーム **リベンジャーズ**　　出身 **大阪府**

生年月日 **1999 年 3 月 7 日**　　身長 **171cm**　　体重 **53kg**　　血液型 **AB 型**

趣味 **韓国のアイドルステージを見る**　　特技 **サッカー**（幼稚園から高校まで）

クラス分け	D → D	順 位	55 位 → 57 位 → 57 位 → 47 位

山田 英樹 YAMADA HIDEKI

出身　神奈川県

生年月日　1999 年 12 月 7 日　　身長　164cm　　体重　48kg　　血液型　O 型

趣味　映画鑑賞、ショッピング　　特技　ダンス（R&B、HipHop）

順位　92 位

山本 遥貴 YAMAMOTO HARUKI

チーム ティーン EAST　　出身 愛知県

生年月日 2003 年 7 月 29 日　　身長 171cm　　体重 59kg　　血液型 AB 型

趣味 グミをいっぱい食べる　　特技 歌を歌うこと

クラス分け B→B　　順位 37 位 → 51 位 → 48 位 → 46 位

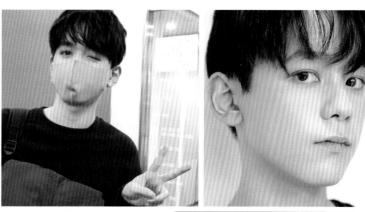

吉井 寧皇 YOSHII NEO

出身　東京都

生年月日　2001 年 6 月 30 日　　身長　170cm　　体重　57kg　　血液型　A 型

趣味　読書、ゲーム、アニメ、野球　　特技　英語、フランス語、ピアノ

順 位　　85 位

吉田 翔馬　YOSHIDA SHOMA

出身　千葉県

生年月日　1998 年 12 月 11 日　　身長　178cm　　体重　63kg　　血液型　B 型

趣味　ドライブ、妹と遊ぶ、ボケ合う、お菓子作り　　特技　ダンス、ボーカル、声マネ

順位　96 位

四谷 真佑 YOTSUYA SHINSUKE

チーム　リベンジャーズ　　出身　神奈川県

生年月日　2000 年 2 月 11 日　　身長　176cm　　体重　55kg　　血液型　O 型

趣味　歌、作詞＆作曲　　特技　抹茶アイスをたくさん食べる、お芝居

クラス分け　C → C　　　　順位　26 位 → 49 位 → 43 位 → 32 位

オンタクト能力評価によって選ばれた1位〜60位までの練習生たち。最初の試練はレベル分けテスト。自分の能力と個性を発揮し、チームごとにパフォーマンスを披露した。

レベル分けテストのリハーサルに集まった練習生たち。本番前日は、リラックスした姿で余裕の表情を見せる。

飯沼アントニー　冬馬

大和田　牧京

内藤　篠原 瑞希　田 正紀　篠ヶ谷 歩夢　四谷 真佑　部

西　森　仲村冬馬

クラス分け　再評価合宿

クラス分け再評価までに与えられた時間はわずか。再評価テストに向けてお互いを
支え合い、仲間同士の絆はより強くなっていった。

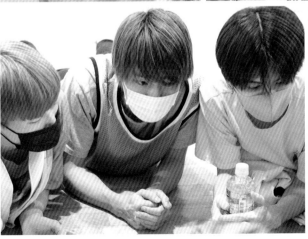

クラス分け　再編成

「本当はセンターに立って踊りたかったけど、それでも僕の役目はあると思うので、最高のパフォーマンスをしたいと思ってます！イエーイ！」
【西 洸人】

「僕はDグループの一番下手側の、羽の先端部分を支える人間です。体を大きく使って伝えたいなと思います」【枝元 雷亜】

「60人で踊るのは今日で最後になるので、自分自身を表現するのと同時に、全員でいいパフォーマンスを見せられたらと思います」【後藤 威尊】

Rehearsal

「Cクラスはムードメイカー的存在の子が何人もいて、目立ちたがり屋が多いので、パワーやエネルギーはほかのクラスに負けないと思います!」【ヴァサイェガ 光】

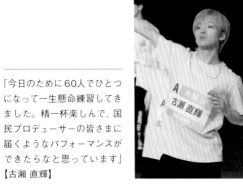

「今日のために60人でひとつになって一生懸命練習してきました。精一杯楽しんで、国民プロデューサーの皆さまに届くようなパフォーマンスができたらなと思っています」【古瀬 直輝】

「最初はDクラスでとても悔しい思いをしたけど、Bまではい上がってきました。ここまで努力してきたことを出し切ってがんばります!」【阿部 創】

「まずは、60人でこの舞台に立てることを本当に感謝しています。舞台で僕の魅力がすべて伝わるようにしたいと思います! 楽しみに見ていてください!」【松田 迅】

On Stage

「歌もダンスも未経験で、課題曲の振りを覚えるのがすごく大変でしたが、FからDに上がることができたので良かったです。爽やかさを全開に出したいと思います！」【上田 将人】

「『Let Me Fly』は歌詞やダンスの動き一つひとつの意味が深くて、自分にリンクしていると思います。60人でのパフォーマンスですが、101人のパワーをお届けしたいです」【仲村 冬馬】

「ステージ下でも一番輝けるように、全力でがんばります。最初は全然振りが覚えられなくてすごく辛かったけど、皆で振りを覚えて踊れた時は楽しかったです」【福田 歩汰】

「Bクラスの時に、周りとの
レベルの差を感じて少し辛
い時もありましたが、もっと
もっと皆のいいところを吸収
してがんばっていこうと思い
ます」【井筒 裕太】

「SEASON2で一番最初に
流れる映像の撮影なので、す
ごく気合が入りました。これ
からも皆で団結して、良いも
のを作れるようにがんばりた
いと思います」【小池 俊司】

「踊り終わった後に、本当に
難しい事をしているんだと毎
回思います。それくらい曲と
振り付けのレベルが高いの
で、僕たちがそこにどれだけ
追いつけるかというのが大変
でした」【木村 柾哉】

グループバトル　合宿

グループバトルのためのチーム分けと5曲の課題曲が発表された。課題曲の選択権は玉入れ競争で順位の高かったチームから。1曲に対し、それぞれ2組ずつの対戦カードが決定した。

「うちのチームは毎日最低1時間以上、長い時は2時間くらい話しています。『楽しそうだけど、ちゃんと上手いね。揃ってるね』って言われるようなステージ、パフォーマンスを目指していきたいです」
【寺尾 香信】

「僕たちは残った人たちで組んだようなチームです。でもどこのチームと当たっても、自分たちのやりたい曲で勝負して見返してやろうという気持ちがすごくあります」
【内田 正紀】

「チームは今、それぞれの振りを固める作業に入っていて、とてもいい雰囲気でやれていると思います。本番では、最後のバトルになるかもしれないという気持ちを持って、やり切ります!」【古江 侑豊】

「まだ至らないところは多いですが、自分たちなりに少しでもいい感じにして1組に勝てるように、細かいところまで練習したいと思います。本番、がんばるぞー。イェイ!」【安積 夢大】

「みんなとても真剣にチーム練習をがんばっています。本番では、皆さん!いっしょに!テンションぶちAGEHA〜!」【池﨑 理人】

無限大
JO1

「みんな上手くて信頼できる
チームを作りました。ダンス
は自信がありませんが、歌の
面でチームを支えていきたい
です。全員が個性を出して、
一心同体でやったら勝てると
思います」【四谷 真佑】

「King&Princeさんの曲をやらせて
いただくので、皆の王子様になれ
るようなパフォーマンスをしたいと
思っています」【阪本 航紀】

Bright Shot

カッコ良さが際立つ
練習生たちのフォトセッション

『Let Me Fly 〜その未来へ〜』収録時に撮影

グループバトル　収録

いよいよグループバトルの本番。衣装を着用したリハーサルで最終チェック。本番さながらの熱のこもったパフォーマンスを展開した。

「僕のチームは一人ひとりが素晴らしい力を持っているので、その力を存分に発揮したいです。そして僕は、蓮汰に腕相撲と手押し相撲、指相撲、全て負けてしまったので、次は絶対勝ちたいと思います！」【小林 大悟】

「『AGEHA』という曲はグルーヴ感
が強い曲なので、振りにもグルーヴ
感を入れていくのがすごく難しい
です。本番までにカッコよく踊れる
ようにがんばります」【藤本 世羅】

「『I NEED U』ではメインボーカルを務めさせていただきます。ボーカル経験はまだ浅いんですけど、すごく大事な役割なので、責任をもってがんばっていこうと思います」
【許 豊凡】

「僕たちのチームは、みんなで分からないところを教え合いながら、楽しく明るく練習しました。この曲は僕たちのチームのコンセプトにとても合っていて、絶対に勝てると思います」【大久保 波留】

On Stage

初めて国民プロデューサーの目の前でパフォーマンスを披露した練習生たち。
仲間と共に練習を重ねた努力の成果をステージ上で出しきった。

オンタクト評価後、初めて行われた順位発表式で生き残れるのは1位から40位まで。41位以下となってしまった練習生20名はここで脱落。苦楽を共にした仲間との別れが訪れた。

「グループバトルを通して自分の中でもたくさん課題ができたし、歌とダンスでみなさんをもっと魅了できるように、精一杯練習したいと思います！より気を引き締めていきたいなという気持ちでいっぱいです。【尾崎 匠海】

「練習も本番のステージもすごく楽しくて、今までで一番幸せだったんじゃないかなってくらい、いいステージができました。これからも感謝の気持ちを持って、夢に向かってがんばるので応援よろしくお願いします」【児玉 龍亮】

「グループバトルでは個人で43票というありがたい票数をいただけて、本当にうれしかったです。素晴らしい練習生たちに出会えたことと、素晴らしい景色を一瞬でも見せていただけたことに感謝して、次のステップに進みたいと思います」【西山 知輝】

「『& LOVE』や『Let Me Fly』をパフォーマンスできたのは、全てファンのみなさんのおかげです。本当に感謝しています。どんな順位になっても、それが僕の実力なので受け入れて、今後もこの経験を生かしてがんばりたいです」【服部 息吹】

「バトルには敗北しましたが、YouTubeのコメント欄で〈弁当少年団〉がすごくよかったという声をたくさんいただきました。皆さんの応援が僕らの糧になっています。お返しに僕からも元気を届けたいです!」【笹岡 秀旭】

「自分の魅力を最大限に発揮できなかったことがすごく悔しいです。もっとアピールして前に出るべきだったなって思っています。まずは応援してくださったみなさんに感謝して、今後もがんばっていきたいと思います」【福島 零士】

「『Let Me Fly』でエンディング妖精に選ばれたことが一番うれしかったです。どっちに転んでもやりきったので後悔はありません。投票してくれた皆さん、本当にありがとうございました。これからも突き進んでがんばりたいと思います」【上原 貴博】

「グループバトルはみんなで取った勝利であり、大夢くんのおかげでもあり、本当に感謝しています。自分の力不足は悔しかったですが、僕のファンのみなさんが、いつも応援してくれていることがとてもうれしいです」
【髙橋 航大】

「ぶつかり合ったりもしたけど壁を乗り越えて、僕たち2組が勝てて良かったと思っています。国民プロデューサーの皆さまに、もっといい姿を見せられるようにがんばりたいですね」【北山 龍磨】

「みんなのお陰でグループバ
トルで1位を取ることができ
たし、自分がこれまでがん
ばってきた努力が認められた
気がしてうれしかったです」
【内藤 廉哉】

「ダンスが本当にできなかっ
たんですけど、本番ではあま
りミスをせずにやり切れた
し、チームも勝てたのでよ
かったです。僕は結構ギリ
ギリの順位なのですが、残
れると信じて待ちたいと思
います」【大和田 歩夢】

収録後は本番で流した涙を笑顔に変えて、別れを惜しむ練習生たちが次々と集まっては記念撮影大会になった。

「このステージが最後になるかもしれないという思いで、全員が同じ方向を向いてがんばりました。どういう結果であれ、ここまでやってきたことは絶対に次の自分の糧になると思うので、がんばってきてよかったなと思っています」【安江 律久】

「グループバトルではみんなと一緒に壁を乗り越えたからこそ勝てたし、総合1位を取れたと思います。本当にチームのみんなに感謝しています。今まで応援してくれた方と自分を信じて、次に進めるようにがんばりたいです」【山本 遥貴】

「ここで確実に20人の練習生が落ちてしまうので、自分が落ちたとしても残ったとしても、少し複雑な気持ちになると思います。残ることができたら気を引き締めて、最後までがんばっていきたいと思います」【藤牧 京介】

「僕たち〈弁当少年団〉、がんばったんですけど6票差で負けてしまって。悔しい気持ちもあるのですが、みんないいパフォーマンスはできたので、そこは良かったなと思っています。応援してくださってありがとうございます」【三佐々川 天輝】

「『&LOVE』では満足のいく結果が出せなかったので、もっといいものを作りたいです。自分を信じて絶対に最後まで残って、脱落してしまった20人の分もがんばってデビューします!!」
【栗田 航兵】

「〈弁当少年団〉は未経験者が多くて僕もダンスで苦労したんですけど、最後はみんなで一つになって、相手と6票差という僅差まで戦えたということが、うれしかったです。これからも自分を信じてがんばっていけたらと思います」【篠ヶ谷 歩夢】

「グループバトルでは自分が持っているものを出せたと思っていたけど、相手チームを見たら、自分たちももっとやれたんじゃないかと感じて、とても悔しかったです。でも最後まで精一杯がんばりたいと思います」
【多和田 大祐】

「皆さまがテコエにデビューしてほしいと思ってくださるので、ステージに立つことができています。その期待を裏切らないように、これからもスキルを向上させていきたいです」【テコエ 勇聖】

「〈ベビラブ〉チームでは真剣に話をして、お互いの仲を深め合うという貴重な体験ができました。勝負には負けたけど、一生の財産になったと思っています。他のグループからも刺激がもらえたので、これからの練習に生かしたいです」【宮下 紀彦】

安積 夢大

・好きな人のタイプは？（なるべく具体的にお願いします）
韓国ファッションが好きなので、一緒にショッピング行ってくれる人。

・好きな香りは？（具体的な名前でも、冬の森の匂いなど抽象的でも OK）
シダーウッド（ヘアーミスト）

・一番の宝物は？（物でも人でも思い出でも OK）
小学6年生の時にレゲエのサウンドマンになりたくて、誕生日にお母さんにパソコンとPCDJを買ってくれたのが今でも宝物です。

・自分の強みは？（ここだけは他の人に負けない！）
17才で親元離れて韓国で生活するようになって、言葉も家事もわからない環境で負けずにヤリぬいたメンタルの強さです。

・あなたにとってPRODUCE101とは？
韓国から帰ってきて、渡韓出来なくて、1年間バイト、ダンスしてお金をためて、韓国に1年間語学留学して就職しようとした矢先に日本のデビューがあると知って、JO1さんの活躍ぶりを見て、最後に諦めかけてたアイドルになる夢をまたがんばっていこうと思わせてくれた番組です。

・PRODUCE101で一番思い出に残った瞬間は？
→（オーディションでつらかったこと、たのしかったことなど）
PRODUCE101の2次審査で東京に受けに行った時に練習していた事が半分も出せなくて、オーディション後の質疑応答中、「泣いてるの？」と聞かれたんですけど、汗をふいてるとうそを付き泣いてしまった事です。本当に自分がなさけなかったです。

・PRODUCE101で一番感謝を伝えたい人は？その理由は？
お母さんです。4人家族で女1人で歌うたを育ててくれて、ずっとしたい事をさしてくれてて韓国行く事になった時も笑顔で見送ってくれたのにダメやったので、今回こそ、デビューしてお母さんにありがとうを言いたいです。

・自分を応援してくれたファンへの感謝の一言をください
→（将来の夢（デビューが決まったら何がしたいか、など））
ぼくを応援してくれてありがとうございます。デビューするころにはみんなに会える形でファンミーティング、コンサートなどして少しでも離れた距離を埋めていけるようにしたいです。

阿部 創

・好きな人のタイプは？（なるべく具体的にお願いします）
くだらないことを言っても笑ってくれる人。周りに気配りができる人。しっかりしている人。

・好きな香りは？（具体的な名前でも、冬の森の匂いなど抽象的でも OK）
冬の外の澄んだ香り。
ラベンダーの香り

・一番の宝物は？（物でも人でも思い出でも OK）
今まで出会った人全員。家族や友達、先生など僕を支えてくださっている人全員。

・自分の強みは？（ここだけは他の人に負けない！）
努力家です！辛くても努力を続ける事ができます。
4才から続けているダンスです！

・あなたにとってPRODUCE101とは？
視聴者として…辛い時に、ここで諦めてはいけない、頑張ろうと思わせてくれるもの。努力し続けることは大切なことだと教えてくれるもの。
練習生として…アイドルという夢を掴むための試練。

・PRODUCE101で一番思い出に残った瞬間は？
→（オーディションでつらかったこと、たのしかったことなど）
プロフィール写真の撮影の時に、初めてスタイリストさんにスタイリングして頂いて、今までと違う新しい自分を見た時。本当にPRODUCE101に出ることができるんだ、と実感し、感動し、ワクワクしました♪絶対にデビューしようと、改めて強く心に誓いました。

・PRODUCE101で一番感謝を伝えたい人は？その理由は？
家族です。理由…自分が誰にも注目されていないのではないか不安になっている時に、側で優しく声をかけ、励まし続けてくれたからです。

・自分を応援してくれたファンへの感謝の一言をください
→（将来の夢（デビューが決まったら何がしたいか、など））
こんな未熟な僕を見守り、応援して下さって、本当に本当に、ありがとうございました！デビューが決まったら、応援して下さった皆様のために、曲を作りたいです。そして、世界に認められるグローバルアイドルになるため努力し続けます！

・好きな人のタイプは？（なるべく具体的にお願いします）
明るくて、優しくて、目と口が大きい人。

・好きな香りは？（具体的な名前でも、冬の森の匂いなど抽象的でもOK）
紫色のAveenoのボディクリームの香り、海外のお菓子屋さんのような甘い香りも好きです。

・一番の宝物は？（物でも人でも思い出でもOK）
母からもらったティファニーのブレスレット。

・自分の強みは？（ここだけは他の人に負けない！）
、ポジティブなところ！
、ダンス

・あなたにとってPRODUCE101とは？
僕が成長できるよう、足りない部分を教えてくれて、成長していけるように教えてくれる場所。

・PRODUCE101で一番思い出に残った瞬間は？
→（オーディションでつらかったこと、たのしかったことなど）
制服や衣装を着るプロフィール撮影。はじめてはくさかったけど、だんだんとたのしくなっていき、こういう撮影が得意だということに気付いた。

・PRODUCE101で一番感謝を伝えたい人は？その理由は？
今まで一番近くでずっとおうえんしてくれた家族。

・自分を応援してくれたファンへの感謝の一言をください
→（将来の夢（デビューが決まったら何がしたいか、など））
自分のことを必要だと思ってくれている人が近くにいるということを感じました。これからも、皆さんの力を借りることがあるかもしれませんが、自分を信じて、自分の力で、自分の夢に向かって走り続けていきます！

・好きな人のタイプは？（なるべく具体的にお願いします）
。話しやすくておもしろい
。優しい

・好きな香りは？（具体的な名前でも、冬の森の匂いなど抽象的でもOK）
。アロエヨーグルト

・一番の宝物は？（物でも人でも思い出でもOK）
。家族 。友達 。今まで出会った人達
。今まで経験してきたこと

・自分の強みは？（ここだけは他の人に負けない！）
。誰よりも努力すること
。笑顔（自分の笑顔に自信をもって、人に与えられるような笑顔を！）

・あなたにとってPRODUCE101とは？
。自分の大きな夢に近づくための第1歩です！

・PRODUCE101で一番思い出に残った瞬間は？
→（オーディションでつらかったこと、たのしかったことなど）
このオーディションで一番つらいと思うところはやっぱり過酷な脱落制のサバイバルオーディションであることですね。ですが、この番組に乗られる日を夢に見ていたので、出られていること自体が楽しいです。何もかもが初めての経験で楽しかったです！

・PRODUCE101で一番感謝を伝えたい人は？その理由は？
。今まで自分を支えてくれた国民プロデューサーの皆さん、ファンの皆さん、そして何よりも家族です！このPRODUCE101での結果は全て支えてくれたおかげだからです。

・自分を応援してくれたファンへの感謝の一言をください
→（将来の夢（デビューが決まったら何がしたいか、など））
苦しい状況ではあるかもしれませんが、やっぱり今まで支えてくれた皆さんに、実際に会って感謝の言葉を伝えたいです。（恩返ししたいです！）

飯吉 流生

・好きな人のタイプは？（なるべく具体的にお願いします）
一緒にいて笑顔になれるような優しい子!!

・好きな香りは？（具体的な名前でも、冬の森の匂いなど抽象的でもOK）
甘い匂い や バニラのような香りが好きです。

・一番の宝物は？（物でも人でも思い出でもOK）
友達

・自分の強みは？（ここだけは他の人に負けない！）
笑顔 と 愛嬌!!
後は、誰にでも優しいところ!!

・あなたにとってPRODUCE101とは？
新しい一歩であり、自分の新たな目標です。
必ず、デビューしたいです。

・PRODUCE101で一番思い出に残った瞬間は？
　→（オーディションでつらかったこと、たのしかったことなど）
オーディション初日のダンスを踊るってなった時
緊張でダンスの振りを何度か間違えて
しまったこと!!

・PRODUCE101で一番感謝を伝えたい人は？その理由は？
家族のみんなです。今まで、たくさん
めいわくをかけてきてばっかりだったからです。

・自分を応援してくれたファンへの感謝の一言をください
　→（将来の夢（デビューが決まったら何がしたいか、など））
いつも、こんな僕を応援してくれて
本当にありがとうございます。
デビューしたら、直接会って目を見て
ありがとう。と感謝の気持ちを伝えたいです。

池﨑 理人

・好きな人のタイプは？（なるべく具体的にお願いします）
面白くて 優しい人。

・好きな香りは？（具体的な名前でも、冬の森の匂いなど抽象的でもOK）
冬になった瞬間の香り。

・一番の宝物は？（物でも人でも思い出でもOK）
オーストラリアで天の川を見た思い出。

・自分の強みは？（ここだけは他の人に負けない！）
さわやかで 皆に優しいところ。

・あなたにとってPRODUCE101とは？
韓国版でも日本版でも、ステージで光輝くという夢を
見せてくれた番組であり、その機会を自分にくれた
大切なチャンスです。

・PRODUCE101で一番思い出に残った瞬間は？
　→（オーディションでつらかったこと、たのしかったことなど）
ラップを披露する際に、歌い出しのタイミングを
間違えて、頭が真っ白になったこと。

・PRODUCE101で一番感謝を伝えたい人は？その理由は？
応援してくださった国民プロデューサーの皆様です。皆
様の温かい言葉に救われています。

・自分を応援してくれたファンへの感謝の一言をください
　→（将来の夢（デビューが決まったら何がしたいか、など））
応援してくださって、本当にありがとうございました。デビュー
ができたら、皆様の前でパフォーマンスをして、たくさん思い
返しがしたいです。

池田 悠里

・好きな人のタイプは？（なるべく具体的にお願いします）
良く食べ、良く動き、ナメクジに塩を
かけない人。

・好きな香りは？（具体的な名前でも、冬の森の匂いなど抽象的でも OK）
バラの匂いが好きです。
香水は主にバラの香水を使っています。

・一番の宝物は？（物でも人でも思い出でも OK）
家族、友、自然に生きる生物達。

・自分の強みは？（ここだけは他の人に負けない！）
鎖骨が誰にも負けないくらい
美しいと思っています。

・あなたにとってPRODUCE101とは？
世界中の人々が共感をするような歌を歌う
という自分の愛を叶えるための架け橋
のような存在であります。

・PRODUCE101で一番思い出に残った瞬間は？
　→（オーディションでつらかったこと、たのしかったことなど）
オーディションの際に人前で歌うことが
とても楽しく、これをするために生まれてきた
と感じられたことです。本当に幸せでした。

・PRODUCE101で一番感謝を伝えたい人は？その理由は？
父・母です。大学生という現実的なことを
考えなければいけない時期に挑戦させていただいたこと
まさにありがたく感じています。

・自分を応援してくれたファンへの感謝の一言をください
　→（将来の夢（デビューが決まったら何がしたいか、など））
未熟で、ひいでた能力もない自分をここまで応援
してくれて本当に幸せです。デビューが決まったら、
メンバー全員で、感謝の気持ちを述べ、
キャンプファイアーをしたいです。

池本 勝久

・好きな人のタイプは？（なるべく具体的にお願いします）
真面目にコツコツ努力ができて芯の強い
人

・好きな香りは？（具体的な名前でも、冬の森の匂いなど抽象的でも OK）
僕の家の匂い（ホッとするから）

・一番の宝物は？（物でも人でも思い出でも OK）
「家族」

・自分の強みは？（ここだけは他の人に負けない！）
自分が納得いくまで努力すること。
全力少年!!

・あなたにとってPRODUCE101とは？
僕の人生を変えてくれた番組です。
国民プロデューサーの一員だった僕が、こんな輝くステージに
立ちたい!と強く思わせてくれた夢であり、憧れの
番組です。

・PRODUCE101で一番思い出に残った瞬間は？
　→（オーディションでつらかったこと、たのしかったことなど）
家族みんなで歌やダンスの練習をしたこと!
「(家族の)練習生日記」も力を借りました（笑）

・PRODUCE101で一番感謝を伝えたい人は？その理由は？
兄　　兄の姿を見てこの番組にでたい！と
思ったから。憧れの人!!

・自分を応援してくれたファンへの感謝の一言をください
　→（将来の夢（デビューが決まったら何がしたいか、など））
こんなに多くの方々に応援していただき、本当に
感謝しかありません。デビューしてお話する機会が
あれば1人1人の方にお礼を言いたいです。どこに行って
も胸を張れるアイドルになります!

井筒 裕太

・好きな人のタイプは?（なるべく具体的にお願いします）
どんな人にも優しい人
清潔感がある人

・好きな香りは?（具体的な名前でも、冬の森の匂いなど抽象的でもOK）
金木犀の香り

・一番の宝物は?（物でも人でも思い出でもOK）
色々なアーティストのグッズ

・自分の強みは?（ここだけは他の人に負けない！）
何事にも挑戦的で諦めないこと

・あなたにとってPRODUCE101とは?
アイドルになるという夢を叶える場所
夢への第一歩。

・PRODUCE101で一番思い出に残った瞬間は?
　→（オーディションでつらかったこと、たのしかったことなど）
カメラをむけられたり、メイクをしてもらったり
したことのないことをたくさん経験できて　すごく
楽しかった。

・PRODUCE101で一番感謝を伝えたい人は?その理由は?
家族、友達、ファンのみなさん
こんな自分の決心を応援してくれたから。

・自分を応援してくれたファンへの感謝の一言をください
　→（将来の夢（デビューが決まったら何がしたいか、など））
ファンのみなさんに、これまで以上に驚かしてさらに
成長した姿を見せられるようにがんばります♡

岩田 和真

・好きな人のタイプは?（なるべく具体的にお願いします）
人が努力していることに対して尊重して応援してくれる人が好きです。また
周りに流されず、自分の意思をしっかりと持っている人も好きです！

・好きな香りは?（具体的な名前でも、冬の森の匂いなど抽象的でもOK）
僕は小さい頃から森林や自然豊かな公園で遊んでいたのでヒノキのような自然
の香りが好きです。ちなみに現在も公園や森林なとで遊んでいます（笑）

・一番の宝物は?（物でも人でも思い出でもOK）
僕のことを全力で応援してくれる、家族、友人、そして僕をサポートしてくれた
方々、ファンのみなさま全てが僕の宝物です！

・自分の強みは?（ここだけは他の人に負けない！）
小学生の頃から大好きだったアイドル（K-POPアイドル中心）に対する熱量は誰にも負け
ないって思います。そして推しのアイドルとは何なのかについては僕が最も詳しいって思いま
す！でも実際に自分がなってはいまオタク心が勝ってしまいそうです。（笑）

・あなたにとってPRODUCE101とは?
僕にとってのPRODUCE101は、今までの僕の夢をつに実現することができる第一歩
です。今まで僕はアイドルになることを夢見て練習に励みました。いつかチャンスが
訪れることを考えて、ようやくそのチャンスを掴むことができました。この機会は
僕にとってスタートであり、そして集大成であると思います。

・PRODUCE101で一番思い出に残った瞬間は?
　→（オーディションでつらかったこと、たのしかったことなど）
今まで夢にみた練習生でして、撮影やメイクなど今まで経験したことがないこと
を経験することができて本当に幸せな時間でした。同時に緊張などで
自分がイメージしていた姿を実現できていないという不安も感じりもありました。
自分はまだまだ努力が足りず、実力がないと改めて実感しました。

・PRODUCE101で一番感謝を伝えたい人は?その理由は?
一番感謝を伝えたい人は家族です。いつも一緒に暮らしていたので当たり前って思って
いた僕への愛情や応援は心に響き世界一愛されていると実感しました。今まで僕を応
援してくれた家族に親孝行ができるように全力で頑張ります！

・自分を応援してくれたファンへの感謝の一言をください
　→（将来の夢（デビューが決まったら何がしたいか、など））
多くいる練習生の中から僕を応援してくれた全てのファンの方々に感謝を述べ
させていただきます。本当にありがとうございます！ファンのみなさまの応援が僕
を成長させ、新しい扉を開く力となりました。ファンのみなさまに成長した姿を見
せられるように私は努力し続けます！そしてファンのみなさまから頂いた愛
を、応援を大切にし、恩返しします！

ヴァサイェガ光

・好きな人のタイプは？（なるべく具体的にお願いします）

自分磨きをしている人
笑顔が多い人

・好きな香りは？（具体的な名前でも、冬の森の匂いなど抽象的でもOK）

キンモクセイ
柔軟剤の匂い

・一番の宝物は？（物でも人でも思い出でもOK）

家族
赤ちゃんの頃から使っている毛布

・自分の強みは？（ここだけは他の人に負けない！）

周りに恵まれている事
辛い時も楽しい時も何でも話せる家族、友達がいます。

・あなたにとってPRODUCE101とは？

スタート地点
夢を叶える為の場所
自分を見つめ直す機会

・PRODUCE101で一番思い出に残った瞬間は？
→（オーディションでつらかったこと、たのしかったことなど）

101人に決まって最初の撮影の時
プロフィール撮影の時に、ついに始まるんだという
実感が湧き、嬉しすぎて常にニヤけていました。

・PRODUCE101で一番感謝を伝えたい人は？その理由は？

母
最初は番組に出演する事を反対していたけど、認めて
くれて、自分のやりたい事を応援してくれてありがとう。
と、伝えたいです。

・自分を応援してくれたファンへの感謝の一言をください
→（将来の夢（デビューが決まったら何がしたいか、など））

他に沢山の練習生がいる中、僕の事を見つけてく
ださってありがとうございました。そして、応援してくださり
本当にありがとうございます。
将来の夢はPRODUCE101でデビューする事ですが、
もしデビュー出来ても人一倍努力する事が目標です。

上田 将人

・好きな人のタイプは？（なるべく具体的にお願いします）

自分をしっかりと持っている人。
一緒にラーメン屋に行ける人。

・好きな香りは？（具体的な名前でも、冬の森の匂いなど抽象的でもOK）

寒い冬の海辺の香りが好きです。

・一番の宝物は？（物でも人でも思い出でもOK）

友人です。理由は今の僕があるのは周りの友人
に恵まれていたからです。

・自分の強みは？（ここだけは他の人に負けない！）

自分でも思いますし周りからも言われるので
素直であるなところだと思います。これには欠点もあって
嘘をつくと顔にでるのですぐにバレます。

・あなたにとってPRODUCE101とは？

人生を変える場所です。もちろん目標としては
デビューすること、その先の高みですが、このオーディション
を受けようと決めたその時が結果がどうであろうと
これからの僕の人生の力になると思います。

・PRODUCE101で一番思い出に残った瞬間は？
→（オーディションでつらかったこと、たのしかったことなど）

一番思い出に残った瞬間は、公式のHP
に自分の写真が載った時です。ついに始まったん
だと思い、期待や不安が入り交じった感情に
なったことを覚えています。

・PRODUCE101で一番感謝を伝えたい人は？その理由は？

両親です。大学三年のこの大切な時に僕のや
りたい事を止めずに応援してくれていました。はやく
親孝行をしたいです。

・自分を応援してくれたファンへの感謝の一言をください
→（将来の夢（デビューが決まったら何がしたいか、など））

国民プロデューサーの皆さま、今まで応援していただ
きありがとうございました。デビューが決まったらライブ
がしたいです。日本でのドームライブはもちろんです
が世界に出てライブをして自分達の音楽で人々に
幸せを配りたいです。

上原 貴博

・好きな人のタイプは？（なるべく具体的にお願いします）
ムズイっすね…（笑）よく笑う人はとても素敵だと思～ます!!
皆さん笑いましょう!! ニコ————————ッ!! 😆

・好きな香りは？（具体的な名前でも、冬の森の匂いなど抽象的でもOK）
おばあちゃん家のタンス開けた時のあの「ほわ～っ」とした匂いが好きです！
ほわ～!!!

・一番の宝物は？（物でも人でも思い出でもOK）
自分にこんなにファンがついてくれるとは思ってもみなかったので、宝物は
ファンの皆さんです!! なんてまだ順位もだせてないしSNSを見れてないから分かんないけど。（笑）

・自分の強みは？（ここだけは他の人に負けない！）
好きな事に熱中してきた時間!!!
なかなか10年以上もほぼ毎日同じ事をしてきた人なんて居ない気がする!!
（ビックリマークの数も負けない!!!）

・あなたにとってPRODUCE101とは？

夢を追う仲間が集う場所
線無視して書いちゃってすみません（汗）

→（オーディションでつらかったこと、たのしかったことなど）
これは良い意味でも悪い意味でもすごく思い出に残っているのですが、
オ/ンタクトの歌!!! 歌詞が！完全に飛んでた!!! あの時は完全に
ツバサ役がってみた…
楽しかった事は楽しみの練習生の皆さんに会えたこと!! 同じ夢を追う仲
間が平近にこんなにもいっぱい居るってっうのを考えただけで胸が熱
かったし、最高でした!! いやー、プデュ良いね!!!（実とかなり自目線）

・PRODUCE101で一番感謝を伝えたい人は？その理由は？
ダンスを本当に細かく指導して下さった僕のダンスサークルの仲間!!
夜中でも練習付き合ってくれて、基本的な所から自分のクセまで教えて
くれた。大きな感謝です。I love you guys ! Thanks a lot !!

・自分を応援してくれたファンへの感謝の一言をください
→（将来の夢（デビューが決まったら何がしたいか、など）
こんなに最初ド緊張してた僕を選んで投票してくれて、感謝しか
ありません。僕にとってProduce 101 Japanは一生忘れることのでき
ない超大切な思い出となりました。それも全て僕を応援してくれた
貴方たちのお陰です。本当に、本当に有り難う。
I really appreciate people all over the world cheering me 💕
Takahiro

内田 正紀

・好きな人のタイプは？（なるべく具体的にお願いします）
泣いたり笑ったり、色々な感情を共有できて、とにかく
素直な人。

・好きな香りは？（具体的な名前でも、冬の森の匂いなど抽象的でもOK）
住宅地を歩いているとふと感じる家庭料理の匂い。

・一番の宝物は？（物でも人でも思い出でもOK）
旅行先で撮りまくった数々の写真。

・自分の強みは？（ここだけは他の人に負けない！）
総合力！歌、ダンス、技能、知力など、能力のあら
ゆる側面を総じてみたときの平均値が高いと自分で
は思っています。

・あなたにとってPRODUCE101とは？
安定を求める論理的思考と、夢を追いかけたいという
衝動の葛藤から抜け出すきっかけを与えてくれた、
人生の希望。

・PRODUCE101で一番思い出に残った瞬間は？
→（オーディションでつらかったこと、たのしかったことなど）
一次審査の時、はじめてカメラの前で歌った時に、
緊張感や高揚感、など、いろいろな感情が高ぶって、
とても気持ちよかったこと。

・PRODUCE101で一番感謝を伝えたい人は？その理由は？
両親。今まで親が想像していた道とは大きく違う
一歩を踏み出すことに対して、否定せず、背中を押
してくれたから。

・自分を応援してくれたファンへの感謝の一言をください
→（将来の夢（デビューが決まったら何がしたいか、など）
後悔したり、落ちこんだりした時に、自分を肯定して
くれる人がいる。こんな幸せなことはないと、ひしひし
と感じています。心から恩返しをしたいので、デビューが決ま
ったら、ファンの方1人1人に、ありがとう、と直接伝えたい
です。

枝元 雷亜

・好きな人のタイプは？（なるべく具体的にお願いします）

アウトドア派でスポーツが好きで、よく笑い、ご飯を美味しそうに食べる人です！

・好きな香りは？（具体的な名前でも、冬の森の匂いなど抽象的でもOK）

揚げたてのポテトの匂いです！

・一番の宝物は？（物でも人でも思い出でもOK）

⊖

・自分の強みは？（ここだけは他の人に負けない！）

僕が他の人に負けないところは、小顔なところとスタイルが抜群なところとどんな服でも着こなせるところです！

・あなたにとってPRODUCE101とは？

自分の限界を越えられる場所であり、今までになかった自分の力を引き出せる場所です！そして夢を叶える場所です！

・PRODUCE101で一番思い出に残った瞬間は？
→（オーディションでつらかったこと、たのしかったことなど）

二次審査のダンスと歌を披露するときに、あまりの緊張で顔が真っ赤になってしまい、スタッフさんに心配されたことがとても印象に残っています！

・PRODUCE101で一番感謝を伝えたい人は？その理由は？

家族と親戚です！毎日、応援の連絡をくれて、自分に自信をつけさせてくれたからです！

・自分を応援してくれたファンへの感謝の一言をください
→（将来の夢（デビューが決まったら何がしたいか、など））

僕のことを応援してくれて本当にありがとうございます！僕がデビューしたら、大きな会場でライブをしたり、雑誌の表紙に載ったり、バラエティ番組に出たり、ラジオに出たり、あらゆる場面でファンの皆様へ色々な形で感謝を伝えていきたいです！

大久保 波留

・好きな人のタイプは？（なるべく具体的にお願いします）

よく笑うと笑顔がかわいい
小動物みたいな人

・好きな香りは？（具体的な名前でも、冬の森の匂いなど抽象的でもOK）

香水とかよりも、お風呂上がりとかの柔軟剤の香り

・一番の宝物は？（物でも人でも思い出でもOK）

僕を応援してくれているファンのみなさん

・自分の強みは？（ここだけは他の人に負けない！）

やる時は全力！ではなくて、全力をすっとやり続けること。
かっこいい表情やかわいい表情など、表現力のバリエーションが多いこと。

・あなたにとってPRODUCE101とは？

これまで、ずっとテレビで見るアイドルにあこがれていたけど、なかなか挑戦することができなくて、このPRODUCE101は僕の夢を叶えるための初で最初で最後の希望

・PRODUCE101で一番思い出に残った瞬間は？
→（オーディションでつらかったこと、たのしかったことなど）

1次、2次、字もすっていまされず前でしたし、周りのお兄ちゃん達がみんな上手なことだが、なので、身体はつらかったけど、心底に楽しかったです。話しかけてもみんな良いお兄ちゃんなのうれしかった。

・PRODUCE101で一番感謝を伝えたい人は？その理由は？

お父さん、お母さんです。理由は、僕が夢に挑戦するのを決めながら一番に応援してくれて、このオーディションを受けられるのをサポートしてお母さんとお母さんだからです。

・自分を応援してくれたファンへの感謝の一言をください
→（将来の夢（デビューが決まったら何がしたいか、など））

最初は自信がなくて、応援してくれる人がいるのか不安だったけど、いつもファンの方々がすけ出してくれるおかげで毎日がうれしいし、楽しいです。デビューが決まったらみなさんをみーんな笑顔にしたいです！僕のそばば支えてください！！

太田 駿静

・好きな人のタイプは？（なるべく具体的にお願いします）

喋っていて楽しい人がタイプですね。何か一つでも好きな事がある人も魅力的です。

・好きな香りは？（具体的な名前でも、冬の森の匂いなど抽象的でも OK）

色で例えるとピンク系の匂いが好きです。

・一番の宝物は？（物でも人でも思い出でも OK）

自分に関わってくれた人です。関わって頂いたおかげで今の僕があると思うからです。

・自分の強みは？（ここだけは他の人に負けない！）

ステージにかける思いは負けないと思います。

・あなたにとってPRODUCE101とは？

自分の全部だと思います。夢を叶える所 成長させてもらえる場所だったり全部が詰まった所だと思います。

・PRODUCE101で一番思い出に残った瞬間は？
　→（オーディションでつらかったこと、たのしかったことなど）

オーディションで人が見ている中 歌いながら踊る事が難しいのを実感してとても悔しかったのが一番思い出に残っています。

・PRODUCE101で一番感謝を伝えたい人は？その理由は？

裏方の方やスタッフの方に一番感謝を伝えたいです。その方達のおかげで自分達はパフォーマンスができているので一番感謝したいです。

・自分を応援してくれたファンへの感謝の一言をください
　→（将来の夢（デビューが決まったら何がしたいか、など））

太田 駿静を応援してくださり本当にありがとうございます。これからみなさんにもっと自分を見てもらい 楽しい思い出を一諸に共有していけたらなと思います。これからもっとみなさんを笑顔にできるように努力していきます。これからも応援よろしくお願い致します。

大和田 歩夢

・好きな人のタイプは？（なるべく具体的にお願いします）

僕は決断力がなかったりするので、性格的に言えば 引っ張っていってくれる人が好みです。

・好きな香りは？（具体的な名前でも、冬の森の匂いなど抽象的でも OK）

自分が使っている香水である フェラーリのライトエッセンス オードトワレの香りがとても好みです。

・一番の宝物は？（物でも人でも思い出でも OK）

一年半の間 必死に勉強し 第一志望の大学の合格通知を受け取った時です。

・自分の強みは？（ここだけは他の人に負けない！）

自分の強みは どんな逆境でもあきらめないでやりきれるところだと思います。大学受験の時も模試ではE判定の大学でも諦めずに勉強し合格できました！

・あなたにとってPRODUCE101とは？

僕にとって Produce 101 とは最初で最後の挑戦の場です。僕は大学に入ってから アイドルが好きになり、そこから自分もステージに立ってみたいと思ったのは割と最近のことです。今の歳から練習生になることは厳しく、この番組にかけたいと思いました。

・PRODUCE101で一番思い出に残った瞬間は？
　→（オーディションでつらかったこと、たのしかったことなど）

公式のホームページで101人が発表された時は とても嬉しかったです。101人に選ばれたということは事前にメールで知らされておりその時ももちろん嬉しかったのですがきちんと101人のメンバーとして発表された時には実感が湧いて何倍も嬉しかったことを覚えています。

・PRODUCE101で一番感謝を伝えたい人は？その理由は？

一番感謝を伝えたいのは家族です。僕が芸能関係に進むこと自体反対していたのに、僕がどうしても挑戦したいと言ったら黙って見守っていてくれたからです。

・自分を応援してくれたファンへの感謝の一言をください
　→（将来の夢（デビューが決まったら何がしたいか、など））

僕を知ってくれて、興味を持ってくれて尚且つ応援していただいてる方には感謝しかないです。ありがとうございます。僕は1分間自己PRでも言ったのですが、必ず日本のアイドル界に新しい風を吹かせられる存在になりたいと思っています！

岡田 玲旺

・好きな人のタイプは？（なるべく具体的にお願いします）
笑顔が素敵な人！！岡田 玲旺を愛してくれる人！
一緒にいてめちゃ楽しい人！です！！

・好きな香りは？（具体的な名前でも、冬の森の匂いなど抽象的でもOK）
好きな食べ物だったり、果物の香り！！
とくにいちご！！！

・一番の宝物は？（物でも人でも思い出でもOK）
いつも支えてくれて応援してくれる家族・友達.
国民プロデューサーのみなさんです！

・自分の強みは？（ここだけは他の人に負けない！）
ダンスとダンスとダンスと3歳からずーっと
やってきたダンスとあきらめない、負けず嫌いなところ
です！！

・あなたにとってPRODUCE101とは？
夢をツカム大きなチャンスです。
自分の努力してきたことを国民プロデューサーに
見ていただき評価していただける大きなチャンスだと
思いました。

・PRODUCE101で一番思い出に残った瞬間は？
　→（オーディションでつらかったこと、たのしかったことなど）
ツカメの練習にとても力を入れたので
つらかったです。みせかたをけんきゅうできました！
101人に選ばれたことが一番の思い出です！
あこがれの番組に出演できてうれしいです。

・PRODUCE101で一番感謝を伝えたい人は？その理由は？
共に高めあえた練習生です。
みんなをみて勉強できたことがたくさん
ありました！

・自分を応援してくれたファンへの感謝の一言をください
　→（将来の夢（デビューが決まったら何がしたいか、など））
いつもいつも岡田 玲旺を応援してくださり、
本当にありがとうございます！
これからも、もっともっと上を目指して努力していくの
で応援よろしくお願いします！レベルアップする
僕をみていてください！！

岡本 怜

・好きな人のタイプは？（なるべく具体的にお願いします）
自分磨き、努力ができる人。人や物を大事にできる人
動物や子どもが好きな人.

・好きな香りは？（具体的な名前でも、冬の森の匂いなど抽象的でもOK）
柑橘系の香りと、淡いバニラの香り
動物と赤ちゃんのふとした時の匂い

・一番の宝物は？（物でも人でも思い出でもOK）
今までもらった、友人・先輩・後輩からの手紙
友達と過ごした時間

・自分の強みは？（ここだけは他の人に負けない！）
僕の友達は素敵なんしかいないです！
パフォーマンスする時に、必ず自分の中で物語を作って
表現できるように心掛けています.

・あなたにとってPRODUCE101とは？
　　　最後の「夢」を追いかけるスタート地点に立てる場所
　　　神様から巡ってきたチャンス

・PRODUCE101で一番思い出に残った瞬間は？
　→（オーディションでつらかったこと、たのしかったことなど）
　　　応募すると決めてから、今まで以上に
　　　練習に打ちこんで、集中した時間

・PRODUCE101で一番感謝を伝えたい人は？その理由は？
　○背中を押して支えてくれた友達
　○僕を見つけてくれて、応援してくれた全ての人
　（この人たちがいないと僕は頑張れていないと思うから）

・自分を応援してくれたファンへの感謝の一言をください
　→（将来の夢（デビューが決まったら何がしたいか、など））
　　　僕を応援してくださった皆様、本当にありがとう
　　　ございました。感謝の気持ちを伝える場所がこの
　　　文章だけなのか、ステージの上でこれからも伝え続けられて
　　　いるのか、今の僕には分かりませんが、ステージの上に
　　　いるなら、これからもずっと皆様を笑顔にしてみせます.

尾崎 匠海

・好きな人のタイプは？（なるべく具体的にお願いします）

僕にない魅力を持っている人 不思議な人

・好きな香りは？（具体的な名前でも、冬の森の匂いなど抽象的でも OK）

やわらかくて甘すぎない匂い

・一番の宝物は？（物でも人でも思い出でも OK）

家族 そして ファン

・自分の強みは？（ここだけは他の人に負けない！）

人を笑顔にできること

・あなたにとって PRODUCE101 とは？

自分にとって大きな変化をもたらしてくれた場所

・PRODUCE101 で一番思い出に残った瞬間は？
→（オーディションでつらかったこと、たのしかったことなど）

みんなと沢山コミュニケーションがとれたことがうれしかったです！！

・PRODUCE101 で一番感謝を伝えたい人は？その理由は？

周りにいた仲間たち。自分が成長できたのも、あったかくまっていた仲間がいたからい

・自分を応援してくれたファンへの感謝の一言をください
→（将来の夢（デビューが決まったら何がしたいか、など））

まずはこの番組を見てくれたみなさんありがとうございました そして何より一番は 僕のことを沢山応援してくださったファンのみなさんには本当に感謝してます。沢山愛してくれて僕を見つけてくれてありがとう これからもよろしくね！！

折原 凛太郎

・好きな人のタイプは？（なるべく具体的にお願いします）

自分の意見をしっかり持っていて、人に流されず自立している人 見た目は、外見に気をつかっていて、自分の世界観でおしゃれな人。

・好きな香りは？（具体的な名前でも、冬の森の匂いなど抽象的でも OK）

バニラ ほんのり甘い香り

・一番の宝物は？（物でも人でも思い出でも OK）

友達、一緒にがんばってきた友達 仲間 服 家族

・自分の強みは？（ここだけは他の人に負けない！）

努力の星 集中力 人間察力 観

・あなたにとって PRODUCE101 とは？

ずっと願っていた夢への 最後のチャンス

・PRODUCE101 で一番思い出に残った瞬間は？
→（オーディションでつらかったこと、たのしかったことなど）

いざ本番の時 緊張しすぎて フリと歌詞が飛び、声もあまり出ず、100％の力を出せずに、悔しかった事

・PRODUCE101 で一番感謝を伝えたい人は？その理由は？

絶対に母親です。ハトの時から女手一人で育ててくれて、オーディションにも背中を押してくれたのも母なので感謝を伝えたいです。

・自分を応援してくれたファンへの感謝の一言をください
→（将来の夢（デビューが決まったら何がしたいか、など））

応援して下さったファンの皆さん、ありがとうございます！自分がデビューしたら、応援して下さった方々に恩返しをしたいです。日本を代表するアーティストになって、いつしかは世界をおどろかせれるアーティストになります！これからも応援お願いします！

梶田 拓希

・好きな人のタイプは？（なるべく具体的にお願いします）
友達と一緒にいる時みたいに楽しく話せる人
優しい人

・好きな香りは？（具体的な名前でも、冬の森の匂いなど抽象的でもOK）
梅干しのおかしのにおい
きんもくせい のにおい

・一番の宝物は？（物でも人でも思い出でもOK）
今まで 経験してきたことや、家族・友達との
思い出

・自分の強みは？（ここだけは他の人に負けない！）
精神力が強いところ！

・あなたにとってPRODUCE101とは？
憧れていたもの。目指していたもの。
挑戦

・PRODUCE101で一番思い出に残った瞬間は？
→（オーディションでつらかったこと、たのしかったことなど）
KENZOさんにダンスを見てもらいコメントをいただ
いたこと。
撮影の時たくさんの練習生と仲良くなれたこと。

・PRODUCE101で一番感謝を伝えたい人は？その理由は？
応援してくれた人 … 支えてくれたから、全力をつくせ
たし、楽しめたから。

・自分を応援してくれたファンへの感謝の一言をください
→（将来の夢（デビューが決まったら何がしたいか、など））
応援のメッセージは家族を経由して、僕にちゃんと
届いていました。みなさんのおかげで希望を持っ
て夢を追いかけることができました。
ありがとうございました。

加藤 大地

・好きな人のタイプは？（なるべく具体的にお願いします）
自分の行動に素で笑ってくれる方。

・好きな香りは？（具体的な名前でも、冬の森の匂いなど抽象的でもOK）
青の箱に入った石鹸の匂い。牛の絵が書いてある物です!!

・一番の宝物は？（物でも人でも思い出でもOK）
自分です。(ガハハ)

・自分の強みは？（ここだけは他の人に負けない！）
統率する力、リーダーシップは誰にも負けないです。後、目の鋭さ
は誰よりも強いです。シュッ◐◐ =

・あなたにとってPRODUCE101とは？
自分のあきらめた夢をもう一度復活させてくれたオーディション
番組です。ありがとうございます。

・PRODUCE101で一番思い出に残った瞬間は？
→（オーディションでつらかったこと、たのしかったことなど）
オーディションの時、課題曲、ツカメ共に緊張しすぎてほとんど
裏返ってしまい脇汗が止まらなく「終わった」と思いながら自宅
に帰った事が思い出です。

・PRODUCE101で一番感謝を伝えたい人は？その理由は？
国民プロデューサーのみなさんです。皆さんの応援は本当に自分の活力
になりました。

・自分を応援してくれたファンへの感謝の一言をください
→（将来の夢（デビューが決まったら何がしたいか、など））
こんなに性格もテンションも分からない自分に最後まで応援して
いただきありがとうございます。
デビューが決まったら、皆さんがいっぱい笑って過ごせるよう、い
ろいろなテレビ番組に出たいです。

川村 海斗

・好きな人のタイプは？（なるべく具体的にお願いします）
自分の事を愛してくれる人！

・好きな香りは？（具体的な名前でも、冬の森の匂いなど抽象的でも OK）
甘くて女性っぽいsexyな香り！
あと雪の日の香りも好きです！

・一番の宝物は？（物でも人でも思い出でも OK）
自分に関わってくださった全ての人。

・自分の強みは？（ここだけは他の人に負けない！）
RAPは誰にも負けないと思ってます。
美意識の高さも自信あります！！

・あなたにとってPRODUCE101とは？
希望や夢など全てがつまっていて、これ以上ない大きな物。全ての人が夢をみれて、おえて、幸せに、時にははかなくし、人生そのものみたい！！

・PRODUCE101で一番思い出に残った瞬間は？
→（オーディションでつらかったこと、たのしかったことなど）
本当に1日1日がとても楽しみだし、不安に負けそうになる時もある。でもやっぱりこのオーディションに参加できるとわかった時、自分の夢がかなうかもと思った時はすごくうれしかった！！

・PRODUCE101で一番感謝を伝えたい人は？その理由は？
絶対にファンの方々なんですけど、自分を101人に選んでくださった方たちに感謝したいです。そうじゃなかったら、ファンのみんなにも出会えてなかった。

・自分を応援してくれたファンへの感謝の一言をください
→（将来の夢（デビューが決まったら何がしたいか、など）
本当に応援してくれてありがとうございます。どんな時もみんなが応援してくれて今の自分があります。絶対デビューするからその時はオムライスかペペロンチーノ作るね！！

北山 龍磨

・好きな人のタイプは？（なるべく具体的にお願いします）
素直にありがとうとごめんなさいが言える人
家族や自分の友人や周りを大切にする人

・好きな香りは？（具体的な名前でも、冬の森の匂いなど抽象的でも OK）
お風呂上がりの石けんやシャンプーの香り
柔軟剤！（最近ドラッグストアで買って好きになったのは
（レノア オードリュクス イノセント））

・一番の宝物は？（物でも人でも思い出でも OK）
周りの友人や家族
成人式祝いで買ってもらったスーツ
初めて自分のお金で今までで一番高い買い物をしたGUCCI
のお財布

・自分の強みは？（ここだけは他の人に負けない！）
私は今まで自分の夢を叶える為に色々な物を犠牲にしたり
何回も失敗を繰り返したりとうまくいかない事の方が
多かったので、
その為何回も諦めそうになりましたが、今まで努力してきたので
デビューしたいっていう気持ちは誰にも負けません。

・あなたにとってPRODUCE101とは？
私にとってのPRODUCE101は「光」です。今まで本当に色々な事があってやっと掴んだ光だなと思います。なのでやっと掴んだこの光の翼でかならずデビューを掴みたいと思うので、最初で最終のPRODUCE101を悔いが残らないように、全力で最後の1秒まで頑張りたいです。

・PRODUCE101で一番思い出に残った瞬間は？
→（オーディションでつらかったこと、たのしかったことなど）
一番思い出に残った瞬間は、たくさんあって選ぶのが難しいですが、やっぱり最初の撮影の日だと思います。扉を開けたらたくさんのスタッフさんや出演者さん、憧れだった制服の衣装があって凄い報われた気持ちになったのを強く覚えていますし、本当に今まで頑張ってきて良かったなと心の底から思いました。

・PRODUCE101で一番感謝を伝えたい人は？その理由は？
一番感謝を伝えたい人は私の為に支えてくれた家族や友人ととくなってしまった祖父に伝えたいです。自分だけの力じゃできなかったと思うので本当に感謝しかないです。
そしてたくさんの応募の中から私を選んでくれた運営の方々、私達の為にたくさんの関係者の方々に感謝を伝えたいです。　動いてくれた

・自分を応援してくれたファンへの感謝の一言をください
→（将来の夢（デビューが決まったら何がしたいか、など）
私がデビューしたら木村拓哉さんや安室奈美恵さんのような、たくさんの人が憧れる世間に大きな影響を与えられるグループになりたいです 私自身もそうだったような辛い日悲しい日に元気や勇気を与えられる曲だったりそんなグループになりたいと思っています。

木村 柾哉

・好きな人のタイプは？（なるべく具体的にお願いします）

家庭的で思いやりがあって、何かをがんばっている人
そしてご飯がおいしい人 ☺

・好きな香りは？（具体的な名前でも、冬の森の匂いなど抽象的でもOK）

ひの木という木の香りが大好きです。
ご飯の香りも大好きです。

・一番の宝物は？（物でも人でも思い出でもOK）

家族や友人、そして応援して下さっている国民プロデューサーの
皆さんです ♡♡

・自分の強みは？（ここだけは他の人に負けない！）

優しさ・思いやり・ご飯が好きなところです!!

・あなたにとってPRODUCE101とは？

今の自分を創ってくれた大切なものです。たくさんの仲間
たくさんの国民プロデューサーの皆さんに出会わせてくれました。
諦めていた自分にチャンスをくれました。そんな番組にも
恩返しができるようにがんばります!!!

・PRODUCE101で一番思い出に残った瞬間は？
→（オーディションでつらかったこと、たのしかったことなど）

まだ始まったばかりでこれからたくさん更新されていくと思うん
ですが今は練習生の4つのコンテンツが公開された時です。会った
こともない人もいたのでどんな練習生がいるかワクワクでした。みんなライバル
だけど仲間で、コンテンツを見ていくうちにみんなとても魅力的でそんな
みんなとがんばらせてもらえるのがとても嬉しかったです。

・PRODUCE101で一番感謝を伝えたい人は？その理由は？

一番を選ぶのは難しいです。お世話になった人はたくさん
います。一番を選べませんが僕が誰よりも何よりも一番に
関わって下さった、応援して下さった人に感謝を伝えたい！☺です!!

・自分を応援してくれたファンへの感謝の一言をください
→（将来の夢（デビューが決まったら何がしたいか、など））

国民プロデューサーの皆様には「ありがとう」を何回言っても足りない
くらいの「愛」を頂いたと思います。もし僕がデビューすることが
できたらこれからは「ありがとう」だけでなく僕も皆さんに皆さんが
抱えきれないくらいの「愛」を伝えていきたいです。そしてこんな
ご時世ですが、ライブをしたいなーってとても思います!!早くコロナの
いない世界で皆さんにお会いしたいです!!

栗田 航兵

・好きな人のタイプは？（なるべく具体的にお願いします）

自分のことを 好いてくれる人。常識のある人

・好きな香りは？（具体的な名前でも、冬の森の匂いなど抽象的でもOK）

Fleurの香り

・一番の宝物は？（物でも人でも思い出でもOK）

家族　友達

・自分の強みは？（ここだけは他の人に負けない！）

負けず嫌いなので、やると決めたこと
を しっかりとやりとげようとする所

・あなたにとってPRODUCE101とは？

PRODUCE101シリーズを見て たくさん泣い
たり、感動したり 笑ったりして大好きな番組
だったので自分が参加させて頂いてるのが
まだ夢のようなのですが本当に僕の人生を変えて
くれた番組です。

・PRODUCE101で一番思い出に残った瞬間は？
→（オーディションでつらかったこと、たのしかったことなど）

オーディションの時にどうしても歌で声が
出なくて たくさん 悔しい思いをしたけど
オーディションで 東京に何度か 行ったり
したのが ワクワクして 楽しかったので
悔しい思いも 良い思い出です。

・PRODUCE101で一番感謝を伝えたい人は？その理由は？

母です。
PRODUCE101を受けると言ったときに
これでもか。という(まじ。全力で支えて応援して
くれたから。

・自分を応援してくれたファンへの感謝の一言をください
→（将来の夢（デビューが決まったら何がしたいか、など））

こんな僕を応援して頂いた国民プロデューサーの皆さん
本当にありがとうございます。皆さんの応援で
もっとやる気、元気が出ました。僕の少しでも
成長した姿を見せれたかなと思います。これからも
もっと成長は止まらないのでずっと見守っていて
下さい!!

小池 俊司

・好きな人のタイプは？（なるべく具体的にお願いします）
自分の趣味や価値観を理解してくれる

・好きな香りは？（具体的な名前でも、冬の森の匂いなど抽象的でもOK）
金木犀の香り
学校の帰り道に嗅ぐのがすごく好きでした。笑

・一番の宝物は？（物でも人でも思い出でもOK）
ファンの方々や家族、仲間やスタッフさんなど、僕を支えてくださっている方たち

・自分の強みは？（ここだけは他の人に負けない！）
何事も全力で挑み、興味を持ったらとことんやる性格
ダンスは小さい頃から続けてきたので、負けたくないです！

・あなたにとってPRODUCE101とは？
自分の人生を大きく変えることができるチャンスが詰まっていて、多くのことを学ぶことができる場所

・PRODUCE101で一番思い出に残った瞬間は？
　→（オーディションでつらかったこと、たのしかったことなど）
初めて宣材写真などの撮影した日
ヘアメイクや衣装の着付けを本格的にしていただくのが初めてで、すごく緊張しましたが、楽しかったです！
公式HPに自分が載った時
自分の写真がHPに載っているのを見て不思議な気持ちになりました。

・PRODUCE101で一番感謝を伝えたい人は？その理由は？
自分に投票してくださった方々
自分はまだまだ未熟なのにも関わらず、数多くの練習生の中から自分を選んで、投票して応援してくださったからです。

・自分を応援してくれたファンへの感謝の一言をください
　→（将来の夢（デビューが決まったら何がしたいか、など）
本当にいつも応援してくださり、ありがとうございます。僕はデビューさせていただくことが決まったら、ダンスや歌のパフォーマンスだけでなく、自分が好きな映像制作やデザインで、ファンの方々に楽しんでいただけるような活動をさせていただけるようなアーティストになります！これからも応援よろしくお願い致します！

国分 翔悟

・好きな人のタイプは？（なるべく具体的にお願いします）
自分をしっかり持っていて、何事にも全力で頑張っている人。
くだらない事に笑える人。

・好きな香りは？（具体的な名前でも、冬の森の匂いなど抽象的でもOK）
雨の上がった時の、アスファルトの匂い。

・一番の宝物は？（物でも人でも思い出でもOK）
全ての瞬間。このPRODUCE101に捧げられた時間は
自分にとってはとても大切な宝物です。

・自分の強みは？（ここだけは他の人に負けない！）
行動力！！！自分が心に決めた事に関しての一歩は誰よりも早いです。
あとは、周りを見る力はあると思います。（分析力）

・あなたにとってPRODUCE101とは？
自分の人生において、大きな一歩を踏み出させてくれたオーディション。経験としても、自分磨きとしても一段も二段もステップアップ出来るステージです。

・PRODUCE101で一番思い出に残った瞬間は？
　→（オーディションでつらかったこと、たのしかったことなど）
1/30にHPで情報が公開された時、一番テンションが上がりました!!ダンスも歌も練習してきた物が載る喜びが何より嬉しかったです。実際、周りのパフォーマンスを見て「もっと頑張ろう」と思い刺激をもらえたのが、大切な瞬間です。

・PRODUCE101で一番感謝を伝えたい人は？その理由は？
全面的に応援、サポートしてくれた家族です。
周りには恵まれているなと再確認しました。
本当にありがとうございます!!

・自分を応援してくれたファンへの感謝の一言をください
　→（将来の夢（デビューが決まったら何がしたいか、など）
まず、自分を見つけてくれて、Pick upしてくれて本当にありがとうございます。このPRODUCE101は、自分だけでなく、ファンの方々がいたから頑張れました。この期間は自分にとって宝物です。これからももっと輝ける様に全力で走ります。ついて来て下さい!!一人じゃないです！

古島 虹

・好きな人のタイプは？（なるべく具体的にお願いします）
自然体で一緒にいられる人。
思いやりがある人。

・好きな香りは？（具体的な名前でも、冬の森の匂いなど抽象的でもOK）
タクシーの匂い。
猫のおなかの匂い。

・一番の宝物は？（物でも人でも思い出でもOK）
家族（もちろん猫含む）。

・自分の強みは？（ここだけは他の人に負けない！）
見た目は細いけど中身には自信がある
という最高級モヤレさ。

・あなたにとってPRODUCE101とは？
人生で初めて本気でチャレンジしたもの。
自分の目標を定めてくれたオーディション。

・PRODUCE101で一番思い出に残った瞬間は？
→（オーディションでつらかったこと、たのしかったことなど）
日プ2の制服を初めて着た瞬間です。
ダンスを始めたきっかけでもある憧れの川尻 蓮
さんが一度通った道だと思うと嬉しくてたまりま
せんでした。同時に「絶対に同じステージに立つ！」と
いう強い意志が芽生えた瞬間でもありました。

・PRODUCE101で一番感謝を伝えたい人は？その理由は？
いつも応援してくださった国民プロデューサーの皆様と、
オーディションや撮影で支えてくださったスタッフの皆様。
そして陰でたくさんのサポートをしてくれた家族です。

・自分を応援してくれたファンへの感謝の一言をください
→（将来の夢（デビューが決まったら何がしたいか、など））
まだまだ未熟な僕を応援してくださった皆様、
本当にありがとうございました！
とても良い経験をさせてもらいました！
必ず成長した姿をステージで見ていただける
ように頑張ります！

古瀬 直輝

・好きな人のタイプは？（なるべく具体的にお願いします）
指と爪がきれいな人。 笑い声がかわいい人。
「ありがとう」「ごめん」「いただきます」「ごちそうさま」は絶対。

・好きな香りは？（具体的な名前でも、冬の森の匂いなど抽象的でもOK）
WHITE MUSK

・一番の宝物は？（物でも人でも思い出でもOK）
過去のパフォーマンス映像（DVDなど）

・自分の強みは？（ここだけは他の人に負けない！）
表現力
感受性がものすごく豊か
11年間 共に夢を追ってきた母の支え

・あなたにとってPRODUCE101とは？
僕のこれまでの生い立ちを振り返ったり、お世話になった
方々を思い出すきっかけとなり、今まで培ってきた全てを
発揮できる場所。最大の恩返し。

・PRODUCE101で一番思い出に残った瞬間は？
→（オーディションでつらかったこと、たのしかったことなど）
僕の夢が、みんなの夢だと実感した瞬間。
どんなに時間がかかっても変わらず背中を押してくれる
家族、友達、先生方の応援、支えのありがたさを
感じた瞬間。

・PRODUCE101で一番感謝を伝えたい人は？その理由は？
家族、友達、お世話になった先生方、そしてファンのみなさん。
今こうして自信を持って夢を追う事ができるのは
みなさんのおかげだからです。

・自分を応援してくれたファンへの感謝の一言をください
→（将来の夢（デビューが決まったら何がしたいか、など））
僕が今思い描いている目標はデビューしてからの最後、挨拶する時に
ファンのみなさんに直接感謝を伝える事です。そこから見える景色を
想像するだけで涙があふれた事もあります。僕の夢をみなさんの夢と
言ってくださることが本当に嬉しいです。心強い応援本当にありがとうございます！
僕の幸せはみなさんの幸せ。みなさんが幸せだと僕も幸せです！応援ありがとう
ございます！

児玉 龍亮

・好きな人のタイプは？（なるべく具体的にお願いします）

笑顔が素敵で大人っぽい

・好きな香りは？（具体的な名前でも、冬の森の匂いなど抽象的でもOK）

柔軟剤の香り、富士山の頂上の匂い

・一番の宝物は？（物でも人でも思い出でもOK）

家族、ダンスのスタジオの先生方とスタジオの友達
中学の友達との思い出

・自分の強みは？（ここだけは他の人に負けない！）

・ステージでのパフォーマンス
・EGAO

・あなたにとってPRODUCE１０１とは？

・ずっと目指していた夢の場所
・たくさんの人々に夢を与えるための第一歩

・PRODUCE１０１で一番思い出に残った瞬間は？

→（オーディションでつらかったこと、たのしかったことなど）

・宣材写真の撮影がとっても楽しかったこと。
・スタッフの方々が笑顔で接して下さって本当に楽しい現場でした。

・PRODUCE１０１で一番感謝を伝えたい人は？その理由は？

家族とスタジオの先生方。自分の家族は今の夢を追うと言った時、応援してくれました。スタジオの先生方は、今まで何度も僕を導いて下さいました。今の僕があるのは先生方のおかげです。絶対に恩返ししたいです

・自分を応援してくれたファンへの感謝の一言をください

→（将来の夢（デビューが決まったら何がしたいか、など））

国民プロデューサーの皆様、応援ありがとうございます。
僕の夢は、デビューしてたくさんの方々を幸せにすることです。
もしデビューできたら、たくさんたくさん、全力で恩返し致します。
デビューできたら、メンバーの皆と富士山に登りたいです！
そして頂上でファンの皆さんに「사랑해～!!」と叫びたいです！

後藤 威尊

・好きな人のタイプは？（なるべく具体的にお願いします）

姿勢が良い、家庭的である、笑顔が良い。

・好きな香りは？（具体的な名前でも、冬の森の匂いなど抽象的でもOK）

ホワイトリリー、夜の田舎の空気、イチゴ系のお菓子を開けた瞬間の匂い、古い本の匂い、ZARAの香水、おばあちゃんの家の匂い…

・一番の宝物は？（物でも人でも思い出でもOK）

21歳の誕生日に友人からもらったHappy Birthday動画

・自分の強みは？（ここだけは他の人に負けない！）

顔、表情、シルエット、ストイックさ

・あなたにとってPRODUCE１０１とは？

「人生で最も充実した時間」だと思っています。自分は今までで一番頑張ったことは？と聞かれると、胸をはってコレ！と言えるものがありませんでした。でも今はPRODUCE101だと自信を持って言います。デビューするために自分は食事制限、筋トレ、ダンスの練習を頑張っています。最近は、デビューしてから自分に何が求められるか、と考えるようになり、僕は大学で専攻していたスペイン語が自分の武器で求められることだと思い、スペイン語の勉強を再開しました。もし残念な結果になったとしても、目標を持って行動し努力した時間は、必ず未来の自分にとって大きな力になると思います。チャンスをつかみとって、必ずデビューします。

・PRODUCE１０１で一番思い出に残った瞬間は？

→（オーディションでつらかったこと、たのしかったことなど）

最終オーディションでは課題曲のツカメも、ラップも全然ダメで、自分の中では20点くらいのできでした。その2つのパフォーマンスが終わってスタジオを出てから、自分の出来の悪さにショックすぎて牛丼とカレーをヤケ食いしてしまいました。悔しすぎて、たくさん迅くんの動画を見て、何度も練習しました。

初日の撮影のとき、人生で初めて、メイクとヘアセットしてもらったので、すごくドキドキワクワクして、東京に来た！これが東京か！って感じがしました。

・PRODUCE１０１で一番感謝を伝えたい人は？その理由は？

姉です。僕は姉と2人暮らしをしています。減量中は、姉がカロリーや栄養などを気にして料理を作ってくれました。筋トレや有酸素運動にもつき合ってもらっていて、ずっと協力してくれていたからです。

・自分を応援してくれたファンへの感謝の一言をください

→（将来の夢（デビューが決まったら何がしたいか、など））

応援、宣伝、投票してくださった皆さま、ありがとうございました。
ここまで応援してくださったことに心から感謝しています。
もしデビューが決まったら、夢を実現できた自分たちが、たくさんの人の良い原動力になれたら嬉しいので、学園祭に行ったり、ボランティア活動をしたりしたいです。
個人では、イチゴ狩り、梨狩りのツアーとかしてみたいです…

・好きな人のタイプは？（なるべく具体的にお願いします）
内面が美しい人、よく笑う人です。

・好きな香りは？（具体的な名前でも、冬の森の匂いなど抽象的でもOK）
秋の香り

・一番の宝物は？（物でも人でも思い出でもOK）
妹がくれた絵と手紙

・自分の強みは？（ここだけは他の人に負けない！）
・パフォーマンスと普段のギャップ！
・コンセプト消化力！
・絵のセンス！

・あなたにとってPRODUCE101とは？
僕にとってPRODUCE101は最初で最後の挑戦です。
僕に夢を与えてくれて、同時に現実を見せてくれました。
そして自分の無限大の可能性を知ることができました。
最後まで全力で頑張ります。

・PRODUCE101で一番思い出に残った瞬間は？
→（オーディションでつらかったこと、たのしかったことなど）
PRODUCE101での全てのことが僕にとって初めての経験で
とても思い出に残っています。
特に憧れだった衣装の制服を着た時が一番思い出に残っ
ています。

・PRODUCE101で一番感謝を伝えたい人は？その理由は？
〈家族〉
辛い時いつも味方でいてくれたからです。

・自分を応援してくれたファンへの感謝の一言をください
→（将来の夢（デビューが決まったら何がしたいか、など））
応援して下さった国民プロデューサーの皆様、
本当にありがとうございました。皆様の応援のお言葉が
力になりました。
僕は今日も元気です。僕は幸せ者です！
僕がデビューの11人に選ばれたら、僕が撮影したメンバー
写真集を出したいです。 のオフショット

・好きな人のタイプは？（なるべく具体的にお願いします）
外見は、綺麗系より、かわいい系の人が好みな
気がする。内面は、優しい人！

・好きな香りは？（具体的な名前でも、冬の森の匂いなど抽象的でもOK）
浮き輪や ビーチボールのにおい。
SHIROの「サボン」の香り。

・一番の宝物は？（物でも人でも思い出でもOK）
・学生時代の思い出
・赤ちゃんの時から持っている犬のぬいぐるみ

・自分の強みは？（ここだけは他の人に負けない！）
・負けずぎらいなところ
・どこでも眠れるところ

・あなたにとってPRODUCE101とは？
中学生の時から見ていた番組だったので
ずっと憧れていました。
自分が成長できて、変われる場所だと思います。
少しずつですが自分が変わっているのを感じています。

・PRODUCE101で一番思い出に残った瞬間は？
→（オーディションでつらかったこと、たのしかったことなど）
プロフィール撮影です。ヘアメイクをしてもらったり
衣装を着せてもらったり、プロのカメラマンの方に
写真を撮ってもらい、本当に変わったんだなと
実感しました。

・PRODUCE101で一番感謝を伝えたい人は？その理由は？
家族や友達、ファンのみなさんはもちろんですが
勇気を出して応募することができた自分にもありがとう
と言いたいです。

・自分を応援してくれたファンへの感謝の一言をください
→（将来の夢（デビューが決まったら何がしたいか、など））
国民プロデューサーのみなさま、応援してくれて
ありがとうございます。みなさまの声援が心強く
力になっています。
もし、デビューできたら、みなさまとライブやサイン会などで
交流したくさんの思い出を一緒に作っていきたいです。

酒井 優人

・好きな人のタイプは？（なるべく具体的にお願いします）
周りの事を良く見ていて、気配りがよくできる人
とにかく、よく笑って笑顔が素敵な人
自分の友達、家族を大切にしてくれて、優しい人

・好きな香りは？（具体的な名前でも、冬の森の匂いなど抽象的でもOK）
香水とかではなく、シンプルに建乳前の香りが好きです
あと、牛タンの焼けた時の香りです！！

・一番の宝物は？（物でも人でも思い出でもOK）
家族、友達、応援してくださる方々！！

・自分の強みは？（ここだけは他の人に負けない！）
周りに気を配れる事、グループをまとめる力。
人に悩み事を相談されて良いアドバイス、アンサーを導き出す力
そして、人に愛される力。

・あなたにとってPRODUCE101とは？
夢を叶えさせてくれて、不可能を可能に変えてくれる場所
人と人との繋がりと広がり、素敵な環境を作り、一人一人の良い所、
悪い所、素の所、心の中を皆さんに知って頂けて、その人、その人
が成長できる場所
ありのままの自分を見せられる場所

・PRODUCE101で一番思い出に残った瞬間は？
→（オーディションでつらかったこと、たのしかったことなど）
ボーカル審査の時に、歌詞が飛んでしまった時がとても悔しかった
ですが、ツカメのパフォーマンスの時は、緊張していましたが
目の前に、お客さんの姿を想像して踊ったら、とっても楽しくて
自然と笑顔でパフォーマンスできた事がめっちゃ幸せで、楽しか
ったです！！

・PRODUCE101で一番感謝を伝えたい人は？その理由は？
周りの人達です。周りの人達がSNSや口頭でみんなに、僕の良さを
伝えてくれたり応援のメッセージを書いてくれたりしていたそうで
その感謝をデビューと言う形で恩返ししたいです

・自分を応援してくれたファンへの感謝の一言をください
→（将来の夢（デビューが決まったら何がしたいか、など）
こんな僕を応援してくださる方々が居るだけで、本当に幸せです
いつもありがとうございます。
沢山の方に応援してもらう方が嬉しいですし、大切な事ですが
少人数でも応援してくださる方々が居るからこそ、今の自分が居るし
皆さんが、僕の頑張れるパワーの源なので、
最後まで、僕を見守って下さい。

阪本 航紀

・好きな人のタイプは？（なるべく具体的にお願いします）
自分に自信があって、余裕があって、
周りの人を笑顔にできる人。どちらかといえば
ロングヘアー派。

・好きな香りは？（具体的な名前でも、冬の森の匂いなど抽象的でもOK）
さっぱり系より、甘い系の香りが好き。
今の所、愛用の香水はDIORのジャドールという香水。

・一番の宝物は？（物でも人でも思い出でもOK）
家族や友達、僕と関わってくださるファンの
方々、全てが一番の宝物。

・自分の強みは？（ここだけは他の人に負けない！）
例えば、誰かに対して「負けたくない！」と思ったら、
追いこす手で努力し続けられること。上には上がいるので
これの無限ループだと思っている。

・あなたにとってPRODUCE101とは？
自分の夢を叶える為の第1歩。今まで
甘えてきた部分をたたき直して、全てを賭け
るべき大舞台。

・PRODUCE101で一番思い出に残った瞬間は？
→（オーディションでつらかったこと、たのしかったことなど）
どうしたら自分らしさをアピールできるかを
たくさん考えて、悩んでつらかったことはありました。
今の段階では答えなんてないので、PRODUCE101
をきっかけに与えられた人生の内に見つけていきたい。

・PRODUCE101で一番感謝を伝えたい人は？その理由は？
ここまで僕を育ててくれた両親。両親が
いなかったら僕はそもそも存在していないから。

・自分を応援してくれたファンへの感謝の一言をください
→（将来の夢（デビューが決まったら何がしたいか、など）
こんな僕を応援してくださった方々、本当にありがとう
ございました。言葉で表現することは大切ですが、その度合いは
言葉では表せないと思うので、「幸せなら態度で示そうよ」と
いうわけで、今後の行動で感謝の度合いを伝えていけたらなと
思っています。

佐久間 司紗

・好きな人のタイプは？（なるべく具体的にお願いします）
人を思いやれる心・一緒にたくさん笑ってくれる人
なにごとも全力で楽しんでくれる人がタイプです。

・好きな香りは？（具体的な名前でも、冬の森の匂いなど抽象的でもOK）
山登りしている時に嗅ぐ自然の匂いと柔軟剤の匂いがとても
好きな香りです。

・一番の宝物は？（物でも人でも思い出でもOK）
宝物は家族です。僕を生んでくれた母 僕を育ててくれた父
そして一緒に育った妹これが僕の宝物です。

・自分の強みは？（ここだけは他の人に負けない！）
周りの人への思いやりの気持ちとダンスの振り覚えのはやさ
です。僕は人が困っていたり悩んでいた時はすぐに
手を差し伸べるので、誰にも負けない優しさを持ってます。

・あなたにとってPRODUCE101とは？
僕にとってこのPRODUCE101はあきらめない気持ちと夢
を与えてもらい、今コロナ禍でアーティストさんなどの活
動厳しい中、自分の活動が進化するきっかけをもらいま
した。

・PRODUCE101で一番思い出に残った瞬間は？
→（オーディションでつらかったこと、たのしかったことなど）
僕が一番思い出に残ったのは、101人の練習生の1人にな
れた事です。まさかここまでこれると思ってもなかったので
今でもびっくりしています。そして何をするにしてもとてもたのしく
て本当に最高です。

・PRODUCE101で一番感謝を伝えたい人は？その理由は？
僕が感謝を伝えたいのは父・母・練習生のみなさんです。
ここまで僕が成長でき頑張ってあきらめず来られたからです。
本当に本当にありがとうございます。

・自分を応援してくれたファンへの感謝の一言をください
→（将来の夢（デビューが決まったら何がしたいか、など））
僕をたくさん応援してくれてありがとうございます
僕の将来の夢は全国ツアーをする事です。

笹岡 秀旭

・好きな人のタイプは？（なるべく具体的にお願いします）
まず、性別にこだわりはありません。なぜならこの先もしも同性、
また、性別に当てはまらない方を好きになったとしたら、それだけ
素敵で今までの人生の常識すら変えてしまう様の方に出会えたからだと
思うからです。

・好きな香りは？（具体的な名前でも、冬の森の匂いなど抽象的でもOK）
よく飲んでいるノドにいいハーブティーの香りです。

・一番の宝物は？（物でも人でも思い出でもOK）
応援してくださる方々です。

・自分の強みは？（ここだけは他の人に負けない！）
音楽に対する気持ちや熱意は一番だと思います。

・あなたにとってPRODUCE101とは？
まさ挑戦であり小童木であり、自分の全てをかけようと
心から思えた番組です。
未来の笹岡 秀旭くん。必ず叶えてください。

・PRODUCE101で一番思い出に残った瞬間は？
→（オーディションでつらかったこと、たのしかったことなど）
まだまだ戦いはこれからですが、オーディションの
結果を待つ時間がうずうずしてつらかったです。

・PRODUCE101で一番感謝を伝えたい人は？その理由は？
応援してくださる笹フンの皆さんです。
自慢できるような経歴も、知名度もない僕を見つけて
支えてくれて本当にありがとうございます。

・自分を応援してくれたファンへの感謝の一言をください
→（将来の夢（デビューが決まったら何がしたいか、など））
もちろん僕はデビューする気しかありませんが、もし
11人にのこることが出来なくても未青一杯の感謝を伝え
たいです。
現在コロナウィルスの影響もあり、直接お会い出来る機会が
限られていますが、、、×がいつか皆さんの前でライブをしたり
したいです。

佐藤 頼輝

・好きな人のタイプは？（なるべく具体的にお願いします）
こだわりが強い人。

・好きな香りは？（具体的な名前でも、冬の森の匂いなど抽象的でも OK）
甘い香水の香り、小学生の時に住んでた団地の階段の匂い。

・一番の宝物は？（物でも人でも思い出でも OK）
おじいちゃんの形見の腕時計。

・自分の強みは？（ここだけは他の人に負けない！）
気持ちの強さです!!!!!!!

・あなたにとってPRODUCE101とは？
自分を変えるきっかけとなった出来事です。

・PRODUCE101で一番思い出に残った瞬間は？
→（オーディションでつらかったこと、たのしかったことなど）
練習生のプロフィールが世の中に公開された瞬間です。

・PRODUCE101で一番感謝を伝えたい人は？その理由は？
応援して頂いた全ての方です。理由は僕の見えない所で色々な事をして頂いているからです。

・自分を応援してくれたファンへの感謝の一言をください
→（将来の夢（デビューが決まったら何がしたいか、など））
こんな僕も応援して頂いて本当にありがとうございます。みんなが応援してくれた分、何倍にもしてこれから恩返ししていきます。これからもよろしくお願いします!!!!!!!!!

佐野 雄大

・好きな人のタイプは？（なるべく具体的にお願いします）
好きなタイプはあまり決まってなくて強いて言うなら、僕のしょうもないことでたくさん笑ってくれる人が良いです。

・好きな香りは？（具体的な名前でも、冬の森の匂いなど抽象的でも OK）
夏から秋にかけて季節が変わる時の匂いと、キンモクセイの匂いと露天風呂の匂いが好きです。

・一番の宝物は？（物でも人でも思い出でも OK）
自分の記憶です。良いことも悪いことも全部がどっさり詰まっているからです。

・自分の強みは？（ここだけは他の人に負けない！）
嫌いなことは克服して、好きなことは誰よりも没頭して頑張れるところが自分の1番の強みだと思っています。

・あなたにとってPRODUCE101とは？
自分の小さい頃から憧れていた場所への入り口であり、自分の運命を自分の力で切り開いていけるかどうかを試される人生最大の試練の壁。

・PRODUCE101で一番思い出に残った瞬間は？
→（オーディションでつらかったこと、たのしかったことなど）
一番辛かったことは練習生全員のダンス動画を見た時に圧倒的に自分が一番ダンス下手くそだと分かった時です。
一番嬉しかったことは101人に選ばれた時に友達も家族もまるで自分のことのように一緒になって喜んでくれたことです。

・PRODUCE101で一番感謝を伝えたい人は？その理由は？
応援してくれたみなさん全員です。
誰かをずっと見守って応援することは本当に大変だということを僕もとても知っているのでその中で優劣をつけることはできないので、応援してくれたみなさん全員に一番感謝しています。

・自分を応援してくれたファンへの感謝の一言をください
→（将来の夢（デビューが決まったら何がしたいか、など））
こんな頼りない僕をみなさん見放さずにずっと温かい目で見守ってくださって本当に感謝でいっぱいです。ほんとにありがとうございます。もしデビューできたら、僕は大きなドームでコンサートをするのが小さい頃からの夢なのでそこでみなさんとお会いできることをとっても楽しみにしています。

篠ヶ谷 歩夢

・好きな人のタイプは？（なるべく具体的にお願いします）

照れ屋で、猫っぽい人が好きです！！
髪は黒が好きです！ちょっと変わってる人も好きです！

・好きな香りは？（具体的な名前でも、冬の森の匂いなど抽象的でもOK）

ハンバーグです！

・一番の宝物は？（物でも人でも思い出でもOK）

今日という1日！

・自分の強みは？（ここだけは他の人に負けない！）

根性です！人間って、やっぱり気持ちによってなにもかも変わってくると思います！絶対諦めることはないです！最も気づいたのは、飛んものしらずなとこですかね！

・あなたにとってPRODUCE101とは？

人生の分岐点です！ここでチャンスを掴みとれるかによって夢を叶えられるかも変わってくると思います。多分、僕の人生の中で一番の思い出になる気がします！

・PRODUCE101で一番思い出に残った瞬間は？
→（オーディションでつらかったこと、たのしかったことなど）

ものすごく神秘的な部屋でARの撮影をしたことです！とり肌がたちました。落ちちゃった時のことを考えたら、ものすごく辛いです。

・PRODUCE101で一番感謝を伝えたい人は？その理由は？

親です。ダンスや歌のアドバイスをたくさんくれたり、色々してくれて、応援してくれて、普通だったら反対される方もたくさんいるのに、むしろ快く背中を押してくれたことに特に感謝しています。

・自分を応援してくれたファンへの感謝の一言をください
→（将来の夢（デビューが決まったら何がしたいか、など）

ちょっと変で、何を考えているかわからない僕を好きになってくださってありがとうございます！絶対に！！デビューして、ステージで輝いている姿を生で見て欲しいです！ありがとうを伝えたいです！

篠原 瑞希

・好きな人のタイプは？（なるべく具体的にお願いします）

ユーモアがあって、食の好みが合う人

・好きな香りは？（具体的な名前でも、冬の森の匂いなど抽象的でもOK）

五香粉の香り！台湾の唐揚げ・鶏排を思い出すので！

・一番の宝物は？（物でも人でも思い出でもOK）

応援してくださる皆さま

・自分の強みは？（ここだけは他の人に負けない！）

『アイドル』へのリスペクト！物心ついた時から今までずっとアイドルファンなので！

・あなたにとってPRODUCE101とは？

「、（カンマ）または。（ピリオド）
僕がアイドルを目指すという物語に、けじめをつけてくれた存在でした。

・PRODUCE101で一番思い出に残った瞬間は？
→（オーディションでつらかったこと、たのしかったことなど）

菅井トレーナーから「歌へのビジョンが分からない」とご指摘を受けた瞬間。歌に対する向き合い方の甘さを再認識し、いつか菅井先生にも皆さまにも認めていただきたい、と心に火がつきました。個人的に「デュカが始まった」と思った瞬間です。

・PRODUCE101で一番感謝を伝えたい人は？その理由は？

いつも応援してくれている祖母！実は今も入退院をくり返していて…なかなか会えなくてごめん、そしてありがとう！

・自分を応援してくれたファンへの感謝の一言をください
→（将来の夢（デビューが決まったら何がしたいか、など）

応援してくださった皆さま、ありがとうございました！僕が卒業アルバムに書いた将来の夢は、エンターテイナーでした。エンターテイナーになれたでしょうか？これからも皆さまを楽しませつづけます！

島 フリオ 太一郎

・好きな人のタイプは？（なるべく具体的にお願いします）

魅力的で目の離せない人かな
自分にしか出来ないことを分かっていて未来に向かって進んで行く人

・好きな香りは？（具体的な名前でも、冬の森の匂いなど抽象的でも OK）

少し肌寒くなった頃の空気の香り

・一番の宝物は？（物でも人でも思い出でも OK）

大切な恩師から貰った写真

・自分の強みは？（ここだけは他の人に負けない！）

自分を信じて自分なら出来る！と覚悟した時のやる気
と追い込む力！！

・あなたにとってPRODUCE101とは？

視聴者としても出演者としても大切な思い出が
沢山詰まった作品
沢山泣いて沢山笑って応援したい人ができて、もっと頑張
ろうと思える無くてはならない物

・PRODUCE101で一番思い出に残った瞬間は？
→（オーディションでつらかったこと、たのしかったことなど）

一番はなんと言っても憧れだった制服に袖を通せた
こと！！
見てきたものに自分がなれたんだって実感が湧いた
とても大切な瞬間

・PRODUCE101で一番感謝を伝えたい人は？その理由は？

感謝はやっぱり大熊＆かな
応募用の曲を一緒に決めたり撮影したりアドバイスをしてくれた
がくらり磨琢磨して進んできたから感謝しきれないくらいの感謝！

・自分を応援してくれたファンへの感謝の一言をください
→（将来の夢（デビューが決まったら何がしたいか、など））

101人もいる中で僕を見つけてくれた事はきっと運命的
だと思う！！
僕が将来どんな人間になっていくかずっとずっと見守って
いて欲しいな！
自分をかOKしてくれて大大大感謝！！！

清水 裕斗

・好きな人のタイプは？（なるべく具体的にお願いします）

よく笑って 笑顔が素敵な人
たくさんご飯を食べる人

・好きな香りは？（具体的な名前でも、冬の森の匂いなど抽象的でも OK）

春の匂い

・一番の宝物は？（物でも人でも思い出でも OK）

大好きな友達たち

・自分の強みは？（ここだけは他の人に負けない！）

運動神経が良いので何でもできちゃうと思います

・あなたにとってPRODUCE101とは？

自分の人生を変えるきっかけとなるもの

・PRODUCE101で一番思い出に残った瞬間は？
→（オーディションでつらかったこと、たのしかったことなど）

人生で初めてプロの方にメイクやセットをしてもらったこと

・PRODUCE101で一番感謝を伝えたい人は？その理由は？

母親　このオーディションに参加するきっかけになったからとても感謝
　　　しています。

・自分を応援してくれたファンへの感謝の一言をください
→（将来の夢（デビューが決まったら何がしたいか、など））

たくさんの練習生がいる中で、こんな僕を見つけ投票をしてくれて
一人一人にお礼が言いたいくらいうれしかったです。
ありがとうございました

許 豊凡

・好きな人のタイプは？（なるべく具体的にお願いします）
ありのままで輝く人、自分らしく生きる人

・好きな香りは？（具体的な名前でも、冬の森の匂いなど抽象的でもOK）
雨が降った後の匂い。春月の森の匂い。
挽きたてのコーヒー豆の香り。

・一番の宝物は？（物でも人でも思い出でもOK）
初めて上がった草団際のステージ。

・自分の強みは？（ここだけは他の人に負けない！）
チャレンジ精神、謙虚さ
どんな場面でもうまく対応できる自信。

・あなたにとってPRODUCE101とは？
長い間、僕は自分の生きる甲斐を探し続けました。周りに優秀な人ばっかりで、僕は将来何をすればいいのかすらわからなくて、自己嫌悪の沼にハマっていました。しかしそんな時に、PRODUCE101が、僕の生きる価値を教えてくれました。"自分にまだできることがある"と、PRODUCE101が教えてくれました。そんな存在です。

・PRODUCE101で一番思い出に残った瞬間は？
→（オーディションでつらかったこと、たのしかったことなど）
一次面接のあと、一人で日本に戻ってくる時に、空港まで送ってくれた母親もバイバイした時。
二次面接の発表日まで、14日間の隔離期間があるため、第一部一次の結果も知れないまま日本に戻ってきたけど、もしここで落ちたら？って不安を感じながら、周り道のない旅になった瞬間でした。

・PRODUCE101で一番感謝を伝えたい人は？その理由は？
僕がここまで来れたのは、周りの全ての人のおかげです。多くの方々に大変お世話になりましたが、その中でも一番感謝を伝えたい人は僕の親です。僕のわがままを理解して、全力で支えてくれて、ありがとう。

・自分を応援してくれたファンへの感謝の一言をください
→（将来の夢（デビューが決まったら何がしたいか、など）
こんな僕を応援していただき、本当にありがとうございました。僕はアイドルとしてまだまだだし、人間としても直すところがたくさんあります。しかし、僕は全てを捨てて、PRODUCE101に参加し、少しだけでもより良い自分になるため、毎日自分を磨いています。過去は変えられないけど、僕の未来を見届けてください。一緒に、TOPへ行きましょう。

髙 昇舗

・好きな人のタイプは？（なるべく具体的にお願いします）
素直でとても静かだけど話すと楽しい

・好きな香りは？（具体的な名前でも、冬の森の匂いなど抽象的でもOK）
抹茶の香ばしい香りと紅茶の香り

・一番の宝物は？（物でも人でも思い出でもOK）
弟

・自分の強みは？（ここだけは他の人に負けない！）
○カワイらしさとクールのギャップ
○紅茶愛

・あなたにとってPRODUCE101とは？
とても憧れの場所であり夢を叶えるための一番の近道であるものです。そして、自分をアピールできる場所でもあると思います。

・PRODUCE101で一番思い出に残った瞬間は？
→（オーディションでつらかったこと、たのしかったことなど）
課題のダンスや歌がうまくいかず、あまり自分を出せなかったことがつらかったです。
たのしかったことは写真を撮影するときにカワイイと言われたことです。

・PRODUCE101で一番感謝を伝えたい人は？その理由は？
支えてくれた家族と近所のおねえさんです。
理由は背中を押してくれたのと、このオーディションをお知えてくれたからです。

・自分を応援してくれたファンへの感謝の一言をください
→（将来の夢（デビューが決まったら何がしたいか、など）
僕は世界に名を残せるようなグループ、アーティストが夢です。それを応援してくれて支えてくださったのがファンなので、デビューが決まったら皆で紅茶とスイーツパーティをしたいと思います。

髙塚 大夢

・好きな人のタイプは？（なるべく具体的にお願いします）
一緒にいて、なんの緊張感となく気軽に会話できる存在の人。
自分にはない魅力を持っている人。好きなことがちゃんとある人。

・好きな香りは？（具体的な名前でも、冬の森の匂いなど抽象的でもOK）
キンモクセイ（香水のやつはNG）
軽井沢の匂い。

・一番の宝物は？（物でも人でも思い出でもOK）
高校3年間の部活動で得た教訓と経験。

・自分の強みは？（ここだけは他の人に負けない！）
やることに対する情熱と向上心。このオーディションでも、
自分の大好きな歌やダンスに対する姿勢は誰にも負けま
せん。

・あなたにとってPRODUCE101とは？
「夢を叶えるための道標」のようなものです。今まで芸能界と
は全く縁のなかった自分にとって、このオーディションは自分の
将来の道を増やしてくれた機会でした。また、自分の将来の夢
と胸をはって言えるきっかけにもなりました。

・PRODUCE101で一番思い出に残った瞬間は？
→（オーディションでつらかったこと、たのしかったことなど）
毎日の地道な練習。元々継続力が短かったので、何か
大変なことを毎日続けることが苦手でしたが、このオーディション
を通して少し克服できました。つらいと思うこともありましたが、
達成感から、毎日続けることの楽しさも知りました。

・PRODUCE101で一番感謝を伝えたい人は？その理由は？
元々所属していたアカペラグループのメンバー。自分がこのオーディション
に出ることで大きな迷惑をかけてしまったにもかかわらず、前向
きに応援してくれたから。

・自分を応援してくれたファンへの感謝の一言をください
→（将来の夢（デビューが決まったら何がしたいか、など））
101人の中から自分を見つけて応援していただき、本当にありが
とうございます。みなさんの応援があったからこそ、今自分はこう
して成長して幸せを感じられているのだと思います。皆さんが作っ
てくださった この機会は、きっと自分にとって一生の宝物になる
と思います。これからも髙塚大夢をどうぞよろしくお願いします。

髙橋 航大

・好きな人のタイプは？（なるべく具体的にお願いします）
相手のことを考える優しい人で 素直で一途で、
全てを知りたくなるような 不思議 な人が 好きです！

・好きな香りは？（具体的な名前でも、冬の森の匂いなど抽象的でもOK）
ラボンのラグジュアリー フラワーの香りと太陽の香りが
好きです。

・一番の宝物は？（物でも人でも思い出でもOK）
家族、友達、高校3年間の部活の思い出。

・自分の強みは？（ここだけは他の人に負けない！）
・アイドルになるための惜しまない努力と 強い 気持ちそして、
・仲間を大切にすることや チームワークを大切にすることが
僕の強みです。なかで R.山のことを学びました。

・あなたにとってPRODUCE101とは？
夢を諦めかけた時に もう一度自分を信じて
デビューをすると決めた希望です。

・PRODUCE101で一番思い出に残った瞬間は？
→（オーディションでつらかったこと、たのしかったことなど）
二次の時に初めて応募した皆と会えた事が
フリースタイルダンスをやった時が一番緊張
して一番思い出になりました！

・PRODUCE101で一番感謝を伝えたい人は？その理由は？
僕達101人のために 沢山の事を準備して下さったスタッフの
皆さんと僕を好きになってくれた WANファンに
感謝のお気持ちを伝えたいです。

・自分を応援してくれたファンへの感謝の一言をください
→（将来の夢（デビューが決まったら何がしたいか、など））
僕を好きになってくれたファンの皆さんへ デビューが決まったら
僕と世界を回ってしれもツアー デートしましょう！
WANファンの皆さんを必ず 幸せにし一生尽くします！

田川 祐輔

・好きな人のタイプは？（なるべく具体的にお願いします）
笑顔が無邪気、人の悪口を言わない人、
周りの人に愛を持って接する人。

・好きな香りは？（具体的な名前でも、冬の森の匂いなど抽象的でもOK）
雰囲気でいうと、ふんわり甘くて掴めそうで、掴めないような
ムスクやバニラが好きです。　スパイシーな香り。

・一番の宝物は？（物でも人でも思い出でもOK）
今の自分を取り巻く人、友人、先生、家族。
出逢った人と自分の目で見たモノは一生宝物です。

・自分の強みは？（ここだけは他の人に負けない！）
周りの人を大切に思うところ。
愛をもって接するところ。
優しさ、思いやり、気遣い

・あなたにとってPRODUCE101とは？
自分という存在を知っていただいて、自分と向き合い
夢を叶える場所。
自分の人柄を証明る場。

・PRODUCE101で一番思い出に残った瞬間は？
→（オーディションでつらかったこと、たのしかったことなど）
自分の写真がHPにアップされた瞬間。
受け入れるまで時間がかかって、ウキウキワクワクしてました。

・PRODUCE101で一番感謝を伝えたい人は？その理由は？
向き合ってくださった面接官の方。
この人柄に育ててくれた親。
今のスキルを養ってくださった先生。

・自分を応援してくれたファンへの感謝の一言をください
→（将来の夢（デビューが決まったら何がしたいか、など））
僕が、お世話になっている大人の方から、次の課を頂きました。
どんな道を選んでも辿り着く所は一緒。だと。
僕のやりたいこと、着地点は決まっているので、そこへ進むだけです。
背伸びをしてしまうことがないよう、恩返ししていきます。

田島 将吾

・好きな人のタイプは？（なるべく具体的にお願いします）
自分を大切にしていて、一生懸命な人。素直な人。

・好きな香りは？（具体的な名前でも、冬の森の匂いなど抽象的でもOK）
キンモクセイ。ヒノキなど木の香り。
森や山や川や公園などのフレッシュな匂い。

・一番の宝物は？（物でも人でも思い出でもOK）
家族、友達、応援してくれるファンの方々
思い出box

・自分の強みは？（ここだけは他の人に負けない！）
割ともう怖いものがない！

・あなたにとってPRODUCE101とは？
自分を試す場所であり、新たなスタート地点。

・PRODUCE101で一番思い出に残った瞬間は？
→（オーディションでつらかったこと、たのしかったことなど）
一番最初の撮影が一番記憶に残ってる。不安も多く、周りの目も気に
しちゃうし、全て完璧にこなしたいし、無理に明るく振る舞っているような
気もしたし、自分が自分をすごく追い込んでしまった1日だった。
でも、その日のおかげで、改めて自分のモチベーションを考えるきっかけになったし、
楽しんで今回の番組に参加する心をしっかりと準備できた。

・PRODUCE101で一番感謝を伝えたい人は？その理由は？
心強くサポートして頂いたスタッフの方々。
応援してくれたファンの方々、家族。
全て僕の力になりました。

・自分を応援してくれたファンへの感謝の一言をください
→（将来の夢（デビューが決まったら何がしたいか、など））
応援してくれる方々の声1つ1つが、本当に温かく、僕の気持ちを
ゆかくしてくれているようで、とても感動したし、感謝の気持ちで一杯です。
本当にありがとうございます。これからも、努力を怠らず頑張ります!!
デビューが決まったら、早くファンの皆さんに会いたいです。
でもまずは、みなさんの体調が第一なので、コロナにしっかり気を
つけて。

多和田 大祐

・好きな人のタイプは？（なるべく具体的にお願いします）
明るく上品な性格でオシャレ好きで料理ができる人。

・好きな香りは？（具体的な名前でも、冬の森の匂いなど抽象的でもOK）
フローラル系の香り。
景色がきれいで周りが静かな所の空気の匂い。

・一番の宝物は？（物でも人でも思い出でもOK）
自分が小さい頃のホームビデオ。

・自分の強みは？（ここだけは他の人に負けない！）
空気を読んで今どう行動するべきかを考えられる。
ちょっとつらいことがあっても笑顔で乗りこえられる。

・あなたにとってPRODUCE101とは？
PRODUCE101は僕にとって最高の夢であり、自分が今まで
やりたかったことを思う存分やれる。自分をもっと成長させてくれ
る場所。

・PRODUCE101で一番思い出に残った瞬間は？
　→（オーディションでつらかったこと、たのしかったことなど）
一番初めの審査で受かった時にここで最後までやりきる！絶対
途中であきらめない！そんな風に思った瞬間。
それを思い出というより、つらかったことは一次審査でグループを披露
する時に歌詞を少しまちがえてしまった時に先の日の夜眠れなかった事。

・PRODUCE101で一番感謝を伝えたい人は？その理由は？
感謝を伝えたいのは、国民プロデューサーのみなさんや、スタッフの
みなさんもちろんですが、親は隣でずっと支えてくれていたので
感謝しています。

・自分を応援してくれたファンへの感謝の一言をください
　→（将来の夢（デビューが決まったら何がしたいか、など））
国民プロデューサーのみなさん！僕を応援してくれたファンのみなさん！
本当にありがとうございます。僕は17歳なのでいろいろな事にチャレンジ
していきたいと思います。もしデビューができたらファンのみなさんの
悩み事や楽しかった話などたくさん聞いたり話したりしたいです。

恒松 尚輝

・好きな人のタイプは？（なるべく具体的にお願いします）
おしとやかで上品でありながらも、ご飯をとても美味しそう
に食べるわんぱくな一面をもっている方がタイプです。

・好きな香りは？（具体的な名前でも、冬の森の匂いなど抽象的でもOK）
柑橘系の香りや、金木犀の香りが好きです。

・一番の宝物は？（物でも人でも思い出でもOK）
家族、友人、応援してくれている皆様。

・自分の強みは？（ここだけは他の人に負けない！）
ピュアなところと歌声です!!
あと、まつ毛も長いです!!

・あなたにとってPRODUCE101とは？
人生最大の挑戦であり夢です

・PRODUCE101で一番思い出に残った瞬間は？
　→（オーディションでつらかったこと、たのしかったことなど）
初めての写真撮影の時、人生で初めてのプロ
の方にヘア、メイクしてもらって、PRODUCE101の
衣装を着させていただいた時は、とてもワクワク
して、これは本当に現実かな？と思っていました。

・PRODUCE101で一番感謝を伝えたい人は？その理由は？
両親に、この挑戦をさせてくれたこと、そして、
応援してくれたことについて感謝したいです

・自分を応援してくれたファンへの感謝の一言をください
　→（将来の夢（デビューが決まったら何がしたいか、など））
こんな僕を応援してくれて本当にありがとうございます。
デビューが決まりましたら、とっても大きな場所
で、皆さんと一緒に大合唱大会をしたいです!!

坪井 悠斗

・好きな人のタイプは？（なるべく具体的にお願いします）
明るくて周りにいる人を笑顔にできるような人。
自分が甘えられる人。自分自身を大切にできる人。

・好きな香りは？（具体的な名前でも、冬の森の匂いなど抽象的でもOK）
自分の使っている香水の香り。たくさんの香水を持っていますが、今は、せっけんの香りがする香水を使っています。

・一番の宝物は？（物でも人でも思い出でもOK）
いつも応援してくれている家族やファンの方々。そんな皆さんと一緒に夢を叶えていきたい。

・自分の強みは？（ここだけは他の人に負けない！）
ヒップホップダンスとアクロバット。自分もアイドルが好きなので、これから活動していくうえで、ファンの方の需要を理解し実行していけると思います。

・あなたにとってPRODUCE101とは？
「アイドルになるという夢を叶える場所」だと思っていて、このオーディションが開催されると知った時からずっとダンスや歌、表情管理などの努力を重ねてきたし、このオーディションに全てを賭けています。

・PRODUCE101で一番思い出に残った瞬間は？
　→（オーディションでつらかったこと、たのしかったことなど）
もともと自分は歌が苦手で人前で歌うことはありませんでした。なので一人でカラオケに行ったり、毎日2時間くらい歌の練習をしていました。そうするうちに歌うことが楽しくなってきたことが嬉しかったです。つらかったことは一つもありません。

・PRODUCE101で一番感謝を伝えたい人は？その理由は？
家族です。このオーディションを知って受けると話した時も、快く背中を押してくれたし、今までずっと一番そばで応援してくれているからです。絶対恩返しします。

・自分を応援してくれたファンへの感謝の一言をください
　→（将来の夢（デビューが決まったら何がしたいか、など）
いつも沢山の愛をありがとうございます。応援してくださっている皆さんの期待に応えられるよう、精一杯頑張るので、これから一緒にたくさんの夢を叶えていきましょう。デビューが決まったら、ライブの構成や振り付け、ドラマや映画に出たり、雑誌で表紙を飾ったりしたいです。

鶴藤 遥大

・好きな人のタイプは？（なるべく具体的にお願いします）
いたずらしても笑ってくれて、いい香りがする笑顔がステキな人

・好きな香りは？（具体的な名前でも、冬の森の匂いなど抽象的でもOK）
ドラッグストアの香り

・一番の宝物は？（物でも人でも思い出でもOK）
家族と支えてくれる全ての人

・自分の強みは？（ここだけは他の人に負けない！）
美容の知識が豊富なところ

・あなたにとってPRODUCE101とは？
あこがれの場所で、今の自分にとって全てです。

・PRODUCE101で一番思い出に残った瞬間は？
　→（オーディションでつらかったこと、たのしかったことなど）
今はまだ分かりませんが、自分が思っていたようなムーブメントになってないのかなと思ったことが悔いです。今まで自分を応援してくれてる人がこんなにいる人だと知れたことがうれしいです。

・PRODUCE101で一番感謝を伝えたい人は？その理由は？
母です。ぼくが小さい時から自分の夢を応援してくれて、やっと来たチャンスで、これから恩返ししたいです。

・自分を応援してくれたファンへの感謝の一言をください
　→（将来の夢（デビューが決まったら何がしたいか、など）
みなさん、本当に応援してくれてありがとうございました。応援の声など、全て届いています。これから恩返しできるようにがんばります。

テコエ 勇聖

・好きな人のタイプは？（なるべく具体的にお願いします）

周りの目を気にもせずに上品に笑う人
自分で何でも出来てしまう人が好みです

・好きな香りは？（具体的な名前でも、冬の森の匂いなど抽象的でもOK）

混じりっ気のない純度100％の石鹸の香り
あと、パン屋さんの香りも好きです。

・一番の宝物は？（物でも人でも思い出でもOK）

兄弟　いっぱいケンカしたけどなんだかんだで
この兄弟で良かったです。

・自分の強みは？（ここだけは他の人に負けない！）

Super high テンション←英語で書けませんでした(笑)
元気なら負けないと思います

・あなたにとってPRODUCE101とは？

人生が大きく変わるチャンスだと思っています。
初めての挑戦に不安もたくさんありますが
それ以上に楽しい事が起こりそうな気がして
ワクワクが止まりません。

・PRODUCE101で一番思い出に残った瞬間は？
→（オーディションでつらかったこと、たのしかったことなど）

101人に残りましたとメールがケータイに表示された時は最高の瞬間でした。自分よりも歌が上手かったり踊りが出来る人はたくさんいると思っていましたが残れたという事は、僕にも可能性があると審査員に思ってもらえたんだなと少し自信を持つ事が出来ました。審査員の皆様、僕にチャンスを下さり有難うございました。

・PRODUCE101で一番感謝を伝えたい人は？その理由は？

考えれば考えるほどやはり両親です。決してお金持ちな家庭ではなかったですが、ここまで僕を元気に育て上げ自分のやりたい事を自由にやらせてもらいました。
いつか必ず恩を返せるようにします。

・自分を応援してくれたファンへの感謝の一言をください
→（将来の夢（デビューが決まったら何がしたいか、など））

僕に何度も投票をして下さった皆さん本当に有難うございます。デビューできてもできなくても、その一票一票に素直に嬉しく思っています。もしデビューしたのであれば皆様の身近にいるアイドルになりたいのでインスタライブ等でお話しをたくさん皆様としたいです。

寺尾 香信

・好きな人のタイプは？（なるべく具体的にお願いします）

お互いの1人の時間を大切にできる人。二人きりのとき、いつもは甘えてくれるが、たまに僕が甘えたいときとことん甘えさせてくれる人。

・好きな香りは？（具体的な名前でも、冬の森の匂いなど抽象的でもOK）

島の（散歩中漂ってくるラッパスイセンの、ひっそり経営しているオシャレなカフェのコーヒーの、漁港の前を通る時ににおう生臭さの残る、縁側に腰かけボーっとしている時のほのかな木の、猫の体に顔を埋めた時の、お腹をすかせて帰ってきた時の母の料理の）香り

・一番の宝物は？（物でも人でも思い出でもOK）

今まで僕と関わってきた全ての人との時間

・自分の強みは？（ここだけは他の人に負けない！）

覚悟を決めた時の行動力

・あなたにとってPRODUCE101とは？

人生最大かつ挑んだ最初で最後の挑戦の場

・PRODUCE101で一番思い出に残った瞬間は？
→（オーディションでつらかったこと、たのしかったことなど）

書類、1次、2次の来るとも分からない合格通知をただひたすら待っていた時が、1番不安で、つらかった

・PRODUCE101で一番感謝を伝えたい人は？その理由は？

母。自分が「PRODUCE 101に出る」＝「変わる」ことで周りの接し方も、大なり小なり変わったが、母だけは何も変わらなかった。つまり、いつも自分を特別に扱ってくれているとこで改めて、気付けたから

・自分を応援してくれたファンへの感謝の一言をください
→（将来の夢（デビューが決まったら何がしたいか、など））

つかれた〜、でも楽しかったな。多分、人生で1番充実した時間だったと思います。そして、そんな時間を僕に与えて下さった皆さんへ、感謝の言葉を。本当に本当に本当にありがとうございました。合宿中、多少無理したところもありました。僕の身の心配をしてくれた人もいたのかな。でもそれは決して無駄になっていないと信じています。この手紙を書いている今、結果はまだわかっていないけど、デビューできてたら、（できてるといいな）これからもよろしくお願いします。

堂園 海翔

・好きな人のタイプは？（なるべく具体的にお願いします）
見た目は清楚な人が好きです。黒か金髪のロングヘアがタイプです！
中身は、常識があって、たくさん笑う人が…いいです！料理とかできる人もタイプ！！

・好きな香りは？（具体的な名前でも、冬の森の匂いなど抽象的でもOK）
おばあちゃんの家のソファーの匂い

・一番の宝物は？（物でも人でも思い出でもOK）
おじいちゃんとおばあちゃんです。ぼくが小さい時から、ずっと
面倒を見てくれたので、いつか絶対に恩返ししたいです。

・自分の強みは？（ここだけは他の人に負けない！）
ぼくの周りには優しい人が多い事です。家族や友達、学校
の先生など、色んな人が応援してくれて、とても恵まれているなと
思いました。これだけはだれにも負けていないと思います！

・あなたにとってPRODUCE101とは？
夢への第1歩です。小さい頃から夢見ていた、アーティストという
仕事への最初の1歩だと思っているので、必ずこのチャンスを
生かして、夢を叶えたいと思っています。全ての事に全力で
取り組んで、悔いのないように生きていきたいです。

・PRODUCE101で一番思い出に残った瞬間は？
　→（オーディションでつらかったこと、たのしかったことなど）
辛かった事は、自分の大切な人達に、たくさん迷惑をかけて
しまった事です。ぼくがこの夢に向かって進む事で、たいへんな思い
をする人もたくさんいたからです。なので、必ずデビューして、恩を返したいです。
楽しかった事は、今までの人生で1番ダンスと歌に関われた事です！
大好きな事に、ずっと没頭できて、本当に幸せでした！！

・PRODUCE101で一番感謝を伝えたい人は？その理由は？
担任の先生です。就職先が決まっていたのですが、
後になってから、夢を追いたいですとわがままをいって、迷惑を
かけてしまいました。それでも応援してくれて、返してくれた先生には
頭が上がらないです。

・自分を応援してくれたファンへの感謝の一言をください
　→（将来の夢（デビューが決まったら何がしたいか、など））
ぼくを応援してくれたファンの皆様、本当にありがとうございます。
素敵な練習生がたくさんいる中で、実力不足で前髪の短かった
ぼくを、たくさんたくさん応援してくれて嬉しかったです。皆さんの温かい
言葉、たくさん届きました！元気や勇気をもらいました！絶対にデビュー
して、恩返しして、幸せにします！本当に大好きです。これからもよろしくね ♡

冨澤 岬樹

・好きな人のタイプは？（なるべく具体的にお願いします）
気の強い子。ご飯を食べることが大好き
いっぱい食べる子。

・好きな香りは？（具体的な名前でも、冬の森の匂いなど抽象的でもOK）
晴れの日に干した、布団についたお日様の
匂い

・一番の宝物は？（物でも人でも思い出でもOK）
もらった手紙

・自分の強みは？（ここだけは他の人に負けない！）
冨澤 岬樹 という存在です。
後、指と爪の綺麗さも負けません。

・あなたにとってPRODUCE101とは？
人生の起点であり、挑戦です。

・PRODUCE101で一番思い出に残った瞬間は？
　→（オーディションでつらかったこと、たのしかったことなど）
1月30日にPRODUCE101のHPで101人の
練習生が公開された中に自分がいて、本当に101人に
選ばれたんだと実感したことです。

・PRODUCE101で一番感謝を伝えたい人は？その理由は？
一番感謝を伝えたい人は女中です。
理由はPRODUCE101 JAPAN SEASON2の
出演をすすめてくれたからです。

・自分を応援してくれたファンへの感謝の一言をください
　→（将来の夢（デビューが決まったら何がしたいか、など））
僕を応援し、投票してくださったファンの皆様、本当にあり
がとうございます。皆様の応援の言葉が、不安になる僕を
勇気づけ自信を与えてくれました。これから僕達がさらに
輝くためには国民プロデューサーの皆様が必要です。
一生懸命努力するので、見ていてください。

内藤 廉哉

・好きな人のタイプは？（なるべく具体的にお願いします）

自分の意見をはっきり言える人、自立している人

自立するために目標に向かって努力している人

・好きな香りは？（具体的な名前でも、冬の森の匂いなど抽象的でもOK）

バニラワッフルないの甘さと酸っぱさが混じった南国風の香りが好きです。

・一番の宝物は？（物でも人でも思い出でもOK）

101人に選ばれたこと！

・自分の強みは？（ここだけは他の人に負けない！）

度胸!!

自分のやりたいと思ったことは何でも挑戦する!!

・あなたにとってPRODUCE101とは？

「永遠の憧れ」。初めてPRODUCE101を見たとき、練習生期間が短く、歌もダンスも周りに比べて実力が劣る中で、先生に厳しく指導されながら、悔し涙を流しながら成長する姿を見て、感動した。そして前回、日本で開催された歌もダンスも未経験のわたしたちが自分の努力でデビューを勝ち取る姿を見て、より「PRODUCE101」という存在に憧れるようになった。

・PRODUCE101で一番思い出に残った瞬間は？
→（オーディションでつらかったこと、たのしかったことなど）

このオーディションに参加して、人生で初めて経験することが多くあった。それらのことは全て新鮮でとても楽しかった。特にずっと憧れていた制服を着ることができて、もううれしくて、ワクワクしてドキドキして昇天しそうな気持ちになった。ダンスはどこをどうすればカッコよくなるのかが分からず、ツラかった

・PRODUCE101で一番感謝を伝えたい人は？その理由は？

友達。いつも自分が疲れていたり、しんどいと感じているときはいつも声をかけてくれて、勉強でついていけなくなったときもいつも教えてくれた。体痛心も精神面でもたくさん助けられた。

・自分を応援してくれたファンへの感謝の一言をください
→（将来の夢（デビューが決まったら何がしたいか、など））

このたびは内藤廉哉の応援をしていただき、ありがとうございました。皆さんのえがくアイドル像とは違ったかもしれませんが、少しでも成長する姿を見せることができたでしょうか。皆さんの応援のお陰で、何度も助けられました。ありがとうございました。これからもデビューしたグループの応援よろしくお願いします！

中野 海帆

・好きな人のタイプは？（なるべく具体的にお願いします）

僕は周りからよく抜けていると言われるので、その面をサポートしてくれる誠実で安心感のある人です

・好きな香りは？（具体的な名前でも、冬の森の匂いなど抽象的でもOK）

午前5時〜8時の外の空気が好きです。何故か懐かしい雰囲気があって、昔に戻ったような感じがして。

・一番の宝物は？（物でも人でも思い出でもOK）

昨年した、アメリカ交換留学での経験です！「学生生活」以外に、ボランティア活動、LAダンス留学など幸せの絶頂でした！（必需品＋友達は除きます）

・自分の強みは？（ここだけは他の人に負けない！）

好奇心旺盛なところと行動力です。なので、"多趣味で特技が多い"ところだと思っています！

・あなたにとってPRODUCE101とは？

「自分が最高に輝ける絶好のチャンス」です。半年間就活を通して自分を見つめ直し、自分が一番求めているものを探して今ここに辿り着きました。今できる事に全力でぶつかっていきたいと思っています。

・PRODUCE101で一番思い出に残った瞬間は？
→（オーディションでつらかったこと、たのしかったことなど）

プロフィール写真の撮影時は1番思い出深いです。初めての経験でポージングに慣れず、何度も頭を抱えた事を覚えています。それと同時に、自分が"PRODUCE101の練習生"という実感が湧いてきて心が昂りました。

・PRODUCE101で一番感謝を伝えたい人は？その理由は？

親です。もう22歳であるにも関わらず、毎日怒られてばかりなのですが、人生を振り返ると、好きな事は好きなだけさせてくれ、伸び伸びと成長させてくれました。感謝!!

・自分を応援してくれたファンへの感謝の一言をください
→（将来の夢（デビューが決まったら何がしたいか、など））

投票、応援して下さっている皆様に心の底から感謝致します!!!常に期待の上の上、時には斜め上を目指して頑張ります♪もしデビューが決まれば、ファンの皆様とメンバーで何か一緒に歌ってみたいです。（歌に自信はないので、メンバーも一緒に（笑））

中野 智博

・好きな人のタイプは？（なるべく具体的にお願いします）
笑顔が素敵で、一緒にいて楽しい人。
自分が落ちこんだ時にパワーをくれる人。

・好きな香りは？（具体的な名前でも、冬の森の匂いなど抽象的でもOK）
ママが作るごはんと、早朝の山の匂い

・一番の宝物は？（物でも人でも思い出でもOK）
家族と国民プロデューサー

・自分の強みは？（ここだけは他の人に負けない！）
明るく元気なところと、目標に向かって努力する力！！

・あなたにとってPRODUCE101とは？
人に「元気や感動を与えることができる、ずっと夢に見てきた
舞台でした。

・PRODUCE101で一番思い出に残った瞬間は？
→（オーディションでつらかったこと、たのしかったことなど）
初めての韓国メイクにワクワクしたのと、スタッフさんや
他の練習生たちがとてもフレンドリーで温かくて楽しく話していた
時が一番幸せでした。

・PRODUCE101で一番感謝を伝えたい人は？その理由は？
お母さんと国民プロデューサーのみなさんです。お母さんが僕を産んで
育ててもらえなかったら、こんな最高の機会に巡り会えていなかっただろうし、国民プロデューサーの
沢山の応援のおかげで、自分に自信を持つことができたからです。

・自分を応援してくれたファンへの感謝の一言をください
→（将来の夢（デビューが決まったら何がしたいか、など）
僕のことを応援してくださったみなさん一人一人に心から感謝の意を
伝えたいです。みなさんのおかげでとても幸せな時間を過ごせたですし、アイドル
になりたいと思う気持
ちが前より一層強くなりました。なので、自分のデビューが決まったら心地いい(?)建の前で
手紙を通して感謝の
気持ちを伝え、また、厳しな状況によって苦しんでいる人達のもとでライブを行い、
世界中を明るくできるような活動をしたいです。

仲村 冬馬

・好きな人のタイプは？（なるべく具体的にお願いします）
食べることが好きな人、芯が強い人

・好きな香りは？（具体的な名前でも、冬の森の匂いなど抽象的でもOK）
石けんの香り

・一番の宝物は？（物でも人でも思い出でもOK）
家族と友達

・自分の強みは？（ここだけは他の人に負けない！）
粘り強さと笑顔

・あなたにとってPRODUCE101とは？
夢と希望

・PRODUCE101で一番思い出に残った瞬間は？
→（オーディションでつらかったこと、たのしかったことなど）
ズーム収録で初めて練習生達に会えたこと。

・PRODUCE101で一番感謝を伝えたい人は？その理由は？
国民プロデューサーのカタをはじめ、僕を応援してくださった全て
のカタです。日本で1人でいる中、不安や寂しい気持ちになることもありました
が、皆様からのあたたかい言葉や応援で乗り越えられました。

・自分を応援してくれたファンへの感謝の一言をください
→（将来の夢（デビューが決まったら何がしたいか、など）
I want to take this opportunity to thank you, each and every one
of you for being the best supporters I could've ever asked for.
Thank you for your love and thank you for believing in me.
人々に夢と希望を与えられるようなアイドルになるために、これからも周りの方
への愛と感謝の気持ちを忘れずに、努力し続けたいと思います。

Questions

西洸人

・好きな人のタイプは？（なるべく具体的にお願いします）
自分が追われるより追いかけたい人なので包容力のある
ししゃもみたいな人。でも4回に1回追いかけ返してくれる人。

・好きな香りは？（具体的な名前でも、冬の森の匂いなど抽象的でも OK）
Diptyque のオーキャピタル（香木）
ガソリンスタンド

・一番の宝物は？（物でも人でも思い出でも OK）
自分が今まで巡り巡って経ら暮したこと全て。
ゲーム。

・自分の強みは？（ここだけは他の人に負けない！）
何事にも果敢に挑戦する行動力！
そしてダンスでは負けたくありません！

・あなたにとってPRODUCE101とは？
自分の第二の人生の始まり。
常に高みを目指させてくれる場所。

・PRODUCE101で一番思い出に残った瞬間は？
→（オーディションでつらかったこと、たのしかったことなど）
最終審査の時に全く歌えず、全く踊れず、悔しくて
恥ずかしくて情けなくなってしまった瞬間が今でも忘れ
られません。
あの時の瞬間をバネにもっともっと常に成長し続けたい
と思っています。

・PRODUCE101で一番感謝を伝えたい人は？その理由は？
僕のことを推して下さった国内の方々、またそうでない方々も含め、全国の皆様に感謝の
気持ちでいっぱいです。
応援して下さった方々はもちろんですが、そうでない方々のおかげで自分に足りない物、直さなきゃ
いけないところをより良くすることができ
常に成長し続けるきっかけを与えて下さった。だからこそ今の僕はいきられるだけのポテンシャルが。
サイでは全国下の皆様に説得力のある
アイドルになってみせます

・自分を応援してくれたファンへの感謝の一言をください
→（将来の夢（デビューが決まったら何がしたいか、など））
こんな僕をここまで応援して下さり本当にありがとうございます。
もしもデビューが決まったら今の僕からは想像もできないような、そして常に
ファンの方々の予想を一歩、二歩超えたパフォーマンスで衝撃と感動力を
与え続けられるように、この先もずっと怖いくらい変化し続けて
いきますので覚悟しといて下さい。

西島蓮汰

・好きな人のタイプは？（なるべく具体的にお願いします）
どんな事でも 前向きに 頑張る
素直で 謙虚で 元気な人。

・好きな香りは？（具体的な名前でも、冬の森の匂いなど抽象的でも OK）
散歩する時の 自然の匂い。
金木犀の匂い。

・一番の宝物は？（物でも人でも思い出でも OK）
僕の 家族、親戚、ペット、友達 みんなが
僕の 宝物です。

・自分の強みは？（ここだけは他の人に負けない！）
自分が 苦しい 時でも 諦めない メンタルの
強さと、練習への 熱量です。

・あなたにとってPRODUCE101とは？
僕が 今まで 練習してきた成果を
ためす場所でもあり、
家族へ おん返しできる 場所です。

・PRODUCE101で一番思い出に残った瞬間は？
→（オーディションでつらかったこと、たのしかったことなど）
オーディションで 久しぶりに 東京へ
行ったのが とても ワクワクだったのを、
覚えています。 そして オーディションまで
に、ダイエットを したのが 大変でした。

・PRODUCE101で一番感謝を伝えたい人は？その理由は？
これまで 僕を 一番近くで 応援
してきてくれた 家族や友達や知り合いの
おじちゃん おばちゃん みんなに 感謝を 伝えたい。

・自分を応援してくれたファンへの感謝の一言をください
→（将来の夢（デビューが決まったら何がしたいか、など））
僕を 応援していただき、
本当に ありがとうございます。
僕をこうやって 応援してくれる方が
いる 事が 本当に 信じられないくらいに
有難く、本当に 感謝しています！！！

西山 知輝

・好きな人のタイプは？（なるべく具体的にお願いします）
好きになった人がタイプだけど、ショートカットに惹かれます。どちらかといえばアウトドアが良い!!

・好きな香りは？（具体的な名前でも、冬の森の匂いなど抽象的でもOK）
ガソリンスタンドの匂いが好きです（笑）バイトにしたこともあるので!! 逆に甘すぎる匂いはちょっと苦手。

・一番の宝物は？（物でも人でも思い出でもOK）
今までの周りの友達がくれた手紙やプレゼントです!! 家の棚に全部飾ってあってそれを見る時間が好き

・自分の強みは？（ここだけは他の人に負けない！）
歌への愛情は誰にも負けません！上手さとかは人それぞれの好みがあるけどその信念は負けない。あとは周りが見える視野の広さも負けないかも。

・あなたにとってPRODUCE101とは？
自分の達すぎる夢だと思っていたことに少しでも近づけさせてくれるもの。このオーディションを通して達ってまったく見えなかったものに光をかざしてくれたものです。本当に勇気をだして行動してよかった。

・PRODUCE101で一番思い出に残った瞬間は？
→（オーディションでつらかったこと、たのしかったことなど）
つらかったことは「ダンス」。レッスンを受けずに自分だけで練習をしたことは上手くなったのかも分からなくてつらかったです。でもたのしかったことも「ダンス」です。自分にはとうで無理だと思っていたことが少しずつできるようになっていくのは本当にたのしかった!!

・PRODUCE101で一番感謝を伝えたい人は？その理由は？
一番なんて決められない!!（笑）応援してくれた家族、友達、そして国民プロデューサーの皆さん、全員に本当に感謝しまくりです。支えてくれてありがとう。

・自分を応援してくれたファンへの感謝の一言をください
→（将来の夢（デビューが決まったら何がしたいか、など））
過去の目立った経歴もなければ、色んなことがまだまだな自分を応援してくださり本当にありがとうございます。デビューが決まったらまずは皆さんに会いたいです!! もうダメかもとかきついなあとか思った時にまだまだ頑張ろうと思えたことは間違いなく皆さんのおかげです。

西山 智樹

・好きな人のタイプは？（なるべく具体的にお願いします）
自分を持っている方。周りに流されず人に対して優しい方。

・好きな香りは？（具体的な名前でも、冬の森の匂いなど抽象的でもOK）
ヒノキの香り。洗いたての香り。

・一番の宝物は？（物でも人でも思い出でもOK）
友達や家族などこれまで自分を支えてきてくれた人達。

・自分の強みは？（ここだけは他の人に負けない！）
自分の目標に対して真剣に取り組むところ。

・あなたにとってPRODUCE101とは？
最後の挑戦の場所。緩やかで安定した上り坂を歩んできた自分が無謀だと分かっていても挑戦したいと思えるぐらい輝いている場所。

・PRODUCE101で一番思い出に残った瞬間は？
→（オーディションでつらかったこと、たのしかったことなど）
コンタクト能力評価で自分が注目されていない現状を痛感した時。自分を応援してくださるコメントを見ると自分の不甲斐なさを感じた。

・PRODUCE101で一番感謝を伝えたい人は？その理由は？
運営スタッフの方。コロナ禍にも関わらず自分達のために尽力してくださったから。本当にありがとうございます。

・自分を応援してくれたファンへの感謝の一言をください
→（将来の夢（デビューが決まったら何がしたいか、など））
本当は1人1人に直接お礼を言いたいのですが文章で伝えさせていただきます。"西山智樹"という存在に翔いてくださったこと、そしてここまで支えてくださったことを本当に感謝しています。何位であったとしても自分に入った票数全て自分の宝物です。

野地 章吾

・好きな人のタイプは？（なるべく具体的にお願いします）
特にこれ！といったタイプはわからないんですけど、
おもしろくて一緒にいると楽しくて、お互い気楽でいられる人が好きです！

・好きな香りは？（具体的な名前でも、冬の森の匂いなど抽象的でも OK）
レモンとかベビーパウダーとかが好きです！

・一番の宝物は？（物でも人でも思い出でも OK）
家族と仲間と今まで自分を支えてくれた多くの人たち！
などは写真ですね！

・自分の強みは？（ここだけは他の人に負けない！）
Smileとポジティブな心を持っているところと、
歌とダンスを本気で愛しているところ！

・あなたにとってPRODUCE101とは？
人生の架け橋、新しい青春の場所、
毎日をさらに大きくしてくれるところ

・PRODUCE101で一番思い出に残った瞬間は？
→（オーディションでつらかったこと、たのしかったことなど）
シーズン1では一次審査で落ちてしまい、もう夢は叶えられない
のかと挫折しそうな頃もあったけど、自分は本当に歌とダンスが大好き
だからこそ、あるのもわからないシーズン2のために、たくさん練習をしてきた
よ、わけど、101人練習生に選ばれたことが一番の思い出です！

・PRODUCE101で一番感謝を伝えたい人は？その理由は？
家族。
一番そばで応援してくれて、期待してくれたからこそ
今の自分も頑張れているのだと思います！

・自分を応援してくれたファンへの感謝の一言をください
→（将来の夢（デビューが決まったら何がしたいか、など））
たくさんの人たちにこれからも笑顔と夢を届けていけるよう、
自らでもプロデュースをして一緒にみんなと人生を歩んで
いきますので、これからも応援よろしくお願いします！
みなさん一人一人の応援届いています！ずっと大好きです！

橋本 瞳瑠

・好きな人のタイプは？（なるべく具体的にお願いします）
背が小さく、髪は肩ぐらいの可愛いらしく
服に興味がある子

・好きな香りは？（具体的な名前でも、冬の森の匂いなど抽象的でも OK）
爽やかな香り、香水は苦手です（笑）

・一番の宝物は？（物でも人でも思い出でも OK）
家族、プレゼント、経験

・自分の強みは？（ここだけは他の人に負けない！）
顔です！目鼻立ちがはっきりしているので顔です！
ただ、顔が大きいのが悩みですし（笑）

・あなたにとってPRODUCE101とは？
僕の人生を変えるオーディションになりました。
夢を叶えるために僕の生活意識を引き締めて
くれました。

・PRODUCE101で一番思い出に残った瞬間は？
→（オーディションでつらかったこと、たのしかったことなど）
・今回初めてヘアメイクをし、写真撮影などをして
頂きプロの方のおかげで、今まで見た事のない自分を
見る事ができ楽しかったです。
・オーディション当日の緊張から投票が始まり、
結果発表までの時間が不安でつらかったです。

・PRODUCE101で一番感謝を伝えたい人は？その理由は？
一番は家族です！本当に色々手伝ってくれて
僕のことを誰よりも近くで応援してくれたからです。

・自分を応援してくれたファンへの感謝の一言をください
→（将来の夢（デビューが決まったら何がしたいか、など））
まずは、国民プロデューサーの皆さん、ろんちゃんずの皆さん
本当に応援ありがとうございました！
皆さんはこんな自分に普通じゃみれない景色を見させて
くれました！本当にありがとうございました！
早くファンミーティングやライブしたいです！！

服部 息吹

・好きな人のタイプは？（なるべく具体的にお願いします）

どんな人にも優しい人と尊敬できる人で自分が多くのことを学べる人が素敵だと思います。

・好きな香りは？（具体的な名前でも、冬の森の匂いなど抽象的でもOK）

自分は船乗りを育成する学校に通っていたので海とずっと触れ合ってきたので海の匂いが好きです。

・一番の宝物は？（物でも人でも思い出でもOK）

僕の大切なものは、僕を応援してくれたり励まして くれたり一緒に苦労した友達です。

・自分の強みは？（ここだけは他の人に負けない！）

僕は宝石よりも努力します。ファンのため友人のため家族のため自分じゃない人のためなら僕はその100倍は努力します。ダンスも歌声もまだまだだけど努力なら誰にも負けません。

・あなたにとってPRODUCE101とは？

テレビとか携帯で見ていた舞台に立つことができる僕の場所だと思います。それと素敵な夢を持つ人と関わることができるので影響を受けて自分自身も成長できる場所だと思います。

・PRODUCE101で一番思い出に残った瞬間は？
→（オーディションでつらかったこと、たのしかったことなど）

真っ白なカッコいい制服を着てメイクをしてもらって鏡を見たときあの101に参加するんだとすごいドキドキしました。そのあとの写真撮影も初めてなのでとても緊張したんですが、スタッフさんが緊張をほぐしてくださり人生で一番楽しいと思うくらい楽しめました

・PRODUCE101で一番感謝を伝えたい人は？その理由は？

オーディション受けたいと思って願いが叶わない僕を後押ししてくれた人と僕のことをずっと応援してくれた人に感謝を伝えたいです。

・自分を応援してくれたファンへの感謝の一言をください
→（将来の夢（デビューが決まったら何がしたいか、など））

歌やダンスの実力のない僕と練習すれば上手になる！この子は伸びる！と期待してもらってとてもうれしいです。その期待に応えられるように歌もダンスもラップも人柄も誰にも負けないようなアイドルになりたいです。デビューしたらファンの皆さんのために歌を作って歌いたいです。

平本 健

・好きな人のタイプは？（なるべく具体的にお願いします）

ショートヘア、手が綺麗な人

・好きな香りは？（具体的な名前でも、冬の森の匂いなど抽象的でもOK）

キンモクセイ

・一番の宝物は？（物でも人でも思い出でもOK）

学校生活での思い出

・自分の強みは？（ここだけは他の人に負けない！）

ダンスを覚える早さ

・あなたにとってPRODUCE101とは？

夢をつかめるチャンスでもあり、自分の事を見てくれる場所。

・PRODUCE101で一番思い出に残った瞬間は？
→（オーディションでつらかったこと、たのしかったことなど）

歌が苦手で、オーディションでうまく歌えなかったのがくやしくて、もっと練習しなきゃなと思った時が、一番思い出に残っています。

・PRODUCE101で一番感謝を伝えたい人は？その理由は？

家族です。いつもそばで支えてくれていたし、応援してくれていたからです。

・自分を応援してくれたファンへの感謝の一言をください
→（将来の夢（デビューが決まったら何がしたいか、など））

16歳のたったしんの普通な男子を応援してくださりありがとうございます。デビューが決まったら、髪を染めたいと思います。

Questions

福島 零士

・好きな人のタイプは？（なるべく具体的にお願いします）
礼儀正しくて素直な人。
見た目でギャップがある人。

・好きな香りは？（具体的な名前でも、冬の森の匂いなど抽象的でもOK）
石けんの香り。
アスファルトが濡れた匂い。

・一番の宝物は？（物でも人でも思い出でもOK）
家族、友達

・自分の強みは？（ここだけは他の人に負けない！）
足の長さ！！！
普段とパフォーマンスの時の切り替え。
協調性を持って、周りにどうことが保てたこと。

・あなたにとってPRODUCE101とは？
今までの自分と向き合えた舞台。このオーディションを通して自分の武器は何か、何が足りないのかなど自分と向き合う時間が多くなりました。また人前に出たことで自分を客観的に見直すきっかけになりました。

・PRODUCE101で一番思い出に残った瞬間は？
　→（オーディションでつらかったこと、たのしかったことなど）
限られたコンテンツの中で思うように自分を表現しきれなかったことがとても悔しかったです。自分の中では一つ一つの瞬間を丁寧にやったつもりでしたが、映像を見ると、クセや粗が見えて、一発撮りの映像だけで伝えることの難しさを学びました。

・PRODUCE101で一番感謝を伝えたい人は？その理由は？
家族や友人、撮影でお世話になった方々、応援して下さった方々全員に感謝したいです。自分はポジティブじゃないので前向きな言葉をかけてくださった方々に助けられました。

・自分を応援してくれたファンへの感謝の一言をください
　→（将来の夢（デビューが決まったら何がしたいか、など）
こんな自分を見つけて応援して頂き本当にありがとうございました！何位で終わったとしても自分をPICKしておいて良かったと思っていただけるよう、これからも精進するので、引き続き応援のほど宜しくお願いします！

福田 歩汰

・好きな人のタイプは？（なるべく具体的にお願いします）
優しくてキレイな人、自分が好きと思った人です。

・好きな香りは？（具体的な名前でも、冬の森の匂いなど抽象的でもOK）
冬の夜の香り

・一番の宝物は？（物でも人でも思い出でもOK）
仲のいい友達と遊んだ時間や思い出です。

・自分の強みは？（ここだけは他の人に負けない！）
笑顔をと地道に努力し続けるところです。

・あなたにとってPRODUCE101とは？
経験がなくても希望を与えてくれたものです。そして僕をアイドルになりたいという気持ちにさらにさせてくれた大切なものだと思っています。

・PRODUCE101で一番思い出に残った瞬間は？
　→（オーディションでつらかったこと、たのしかったことなど）
プロフィール写真の撮影の時に初めて髪をセットしてもらったりメイクをしてもらって嬉しかったです。撮影も初めてで少し緊張したんですけど楽しかったです。

・PRODUCE101で一番感謝を伝えたい人は？その理由は？
母です。理由はコロナ禍の中東京までオーディションのために送り迎えをしてくれたからです。（車で）

・自分を応援してくれたファンへの感謝の一言をください
　→（将来の夢（デビューが決まったら何がしたいか、など）
僕を応援してくださった国民プロデューサーの皆様本当にありがとうございました。皆様の応援1つ1つが僕の自信に繋がりました。デビューが決まったらファンの皆様の前で歌が上手くなっていると思うので1人で1曲なにか歌いたいです。

福田 翔也

・好きな人のタイプは？（なるべく具体的にお願いします）

いけない事は、しっかりと「だめ!!」と
怒ってくれる人です。あと、実は、やさしい人。

・好きな香りは？（具体的な名前でも、冬の森の匂いなど抽象的でもOK）

○柔軟剤（ランドツン）　○秋の時期の、金木犀
○愛犬の肉球（ポップコーンみたい）。自分の布団

・一番の宝物は？（物でも人でも思い出でもOK）

○全米制覇したときの、あの景色。
（今まで感じたことないくらい興奮した。）

・自分の強みは？（ここだけは他の人に負けない！）

☆ダンス☆
ダンスを通して、見たり、聞いたり、苦しんだり、楽しんだり…
今まで得た、インスパイアからなる、"魂"を刻るような、おどり！

・あなたにとってPRODUCE101とは？

人生の良き、"ターニングポイント"です!!
ダンサーとして活動してきて、ここ最近つけで、目標という
ものが、よく分からなくなり、スランプだった自分を、再び、燃え
あがらせてくれた、そんな大切なものです。

・PRODUCE101で一番思い出に残った瞬間は？
→（オーディションでつらかったこと、たのしかったことなど）

白の制服を、改めて着た瞬間です。
あの時、ついに始まるんだな…と実感しました。
それと同時に、やるゾ!!という気持ちがこみ上げて
きました。その後の、プロフィール撮影もとっても
楽しかったです。スタッフさんがとても良い人ばかりでした！

・PRODUCE101で一番感謝を伝えたい人は？その理由は？

2人います。1人は、お母さん。2人目は、ダンサーとして
の時の、アシスタントをしてくれた子。否定も一切しないで
とにかく僕の背中を押してくれた。

・自分を応援してくれたファンへの感謝の一言をください
→（将来の夢（デビューが決まったら何がしたいか、など））

まず、ありがとう。そして、僕の"愛"を伝えたい。
こんな僕を、応援しようと思っていただいた全ての人に。
今は、ダンスしかできない僕ですが、たくさん努力して、もっと
成長します。そして、デビューしたあとの未来で、恩返し
します。それまで、見守っててください。

藤 智樹

・好きな人のタイプは？（なるべく具体的にお願いします）

自己肯定感を高めあえる方。

・好きな香りは？（具体的な名前でも、冬の森の匂いなど抽象的でもOK）

優しい柔軟剤の香り

・一番の宝物は？（物でも人でも思い出でもOK）

パフォーマンスをした時の自分の目から見える景色

・自分の強みは？（ここだけは他の人に負けない！）

「笑顔をとどけたい」という思いの強さ。

・あなたにとってPRODUCE101とは？

世界中の方々に笑顔を届けることができる場。

・PRODUCE101で一番思い出に残った瞬間は？
→（オーディションでつらかったこと、たのしかったことなど）

白いジャケットの衣装を初めて着た時と、その
写真がホームページにのった時、とても胸がざわざわ
したのをよく覚えています。

・PRODUCE101で一番感謝を伝えたい人は？その理由は？

友達のY君です。オーディション期間中、毎日、ギターを弾きながら歌っている動画や、
ダンス未経験なのに踊っている動画を送ってくれて、僕を毎日笑顔にしてくれたから。

・自分を応援してくれたファンへの感謝の一言をください
→（将来の夢（デビューが決まったら何がしたいか、など））

僕のパフォーマンスで笑顔になってくださった方、本当に
ありがとうございました。僕はこれからも、エンター
テイナーとして、笑顔を届け続けられるよう、精一杯
頑張ります。

Questions

藤原 拓海

・好きな人のタイプは？（なるべく具体的にお願いします）
笑顔も顔色も明るい人がタイプです。
あとは笑いのツボが合う人がいいです。

・好きな香りは？（具体的な名前でも、冬の森の匂いなど抽象的でもOK）
赤ちゃんを嗅いだ時の匂いがめちゃくちゃ
好きで落ち着きます。

・一番の宝物は？（物でも人でも思い出でもOK）
自分が成人した時におばあちゃんに買って
もらった高級ブランドの財布です。

・自分の強みは？（ここだけは他の人に負けない！）
すぐに色々な人と友達になれるコミュニケーション
能力とみんなで1つのものを作る時に
リーダーシップをとれる時です。

・あなたにとってPRODUCE101とは？
今までダンスを習うだけだったのですが、ダンスを
してる時の表情の表現だったり、目線だったりと
ダンス以外で意識する事も必要だと気付けました。
僕に何が足りなかったのか教えてくれ、自分が成長する
第一歩になると思います。

・PRODUCE101で一番思い出に残った瞬間は？
　→（オーディションでつらかったこと、たのしかったことなど）
運営の方やメイクさんや衣装さんが初めて1から
僕を全てプロデュースしてくださった事です。
今までそういった経験がなかったので芸能人に
なった気持ちでとても楽しかったです。撮影も
今までにない表情だったりをカメラマンさん達が引き
出してくれ、とても楽しかったです。

・PRODUCE101で一番感謝を伝えたい人は？その理由は？
自分を一番近くで応援し続けてくれている両親です。
進学校に通っていて、いい大学に通うのが当たり前という中で
アイドルという道で頑張りたいという僕の思いをもくりで
ずっと応援し続けてくれているからです。

・自分を応援してくれたファンへの感謝の一言をください
　→（将来の夢（デビューが決まったら何がしたいか、など））
ダンスや歌がまだまだ未熟ながらもそれでも
ファンの方達がしっかりと見てくださって応援して
くれた事はとても力になりました。デビューしたら
ライブや握手会だったりとファンの方と触れ合える
機会をたくさん作り恩返ししていけたらと思います。

藤牧 京介

・好きな人のタイプは？（なるべく具体的にお願いします）
・自分が持っていないものを持っている人（性格・人間性）
・飾りすぎない人

・好きな香りは？（具体的な名前でも、冬の森の匂いなど抽象的でもOK）
シャンプーの香り

・一番の宝物は？（物でも人でも思い出でもOK）
・家族

・自分の強みは？（ここだけは他の人に負けない！）
「歌うことが好き」という気持ち

・あなたにとってPRODUCE101とは？
もう一度夢を追いかけるきっかけとなったオーディション。

・PRODUCE101で一番思い出に残った瞬間は？
　→（オーディションでつらかったこと、たのしかったことなど）
HPに自分が練習生として公開された瞬間。

・PRODUCE101で一番感謝を伝えたい人は？その理由は？
自分を応援して下さった方々。
自分を応援して下さるという事が素直にとても嬉しいです。

・自分を応援してくれたファンへの感謝の一言をください
　→（将来の夢（デビューが決まったら何がしたいか、など））
こんな自分を応援して下さり、本当に心から感謝しています。
ありがとうございます。今後も応援して下さる方の気持ち・期待に
応え続けていけるよう、もっともっとレベルアップして、いつか応援していて良かった
と思って頂けるような人間になりたいと思います。
これからも宜しくお願いします。

藤本 世羅

・好きな人のタイプは？（なるべく具体的にお願いします）
明るくて笑顔が素敵な人。思いやりがあり、人との距離感のとりかたが上手な人は魅力的だと思います。

・好きな香りは？（具体的な名前でも、冬の森の匂いなど抽象的でもOK）
石けんの香り

・一番の宝物は？（物でも人でも思い出でもOK）
応援してくださる皆様

・自分の強みは？（ここだけは他の人に負けない！）
絶対に諦めない心。努力家で目標に向かって頑張り続けることができます。

・あなたにとってPRODUCE101とは？
It's my life

・PRODUCE101で一番思い出に残った瞬間は？
→（オーディションでつらかったこと、たのしかったことなど）
101人の練習生に選んでいただいた時です。歌とダンスを練習してオーディションしたのが楽しんだので、とても嬉しかったです。

・PRODUCE101で一番感謝を伝えたい人は？その理由は？
友人です。「せらが頑張っている姿を見て、俺ももっと頑張ろうと思った」と言ってくれた人もいて、僕自身ももっと頑張ろうと思えました。

・自分を応援してくれたファンへの感謝の一言をください
→（将来の夢（デビューが決まったら何がしたいか、など））
歌もダンスも未熟者だった僕を信じ、応援し続けてくれて本当にありがとうございました。これからももっと頑張るので、応援してくれると嬉しいです。

古江 侑豊

・好きな人のタイプは？（なるべく具体的にお願いします）
童顔で包容力のある子

・好きな香りは？（具体的な名前でも、冬の森の匂いなど抽象的でもOK）
洗濯したばかりの服

・一番の宝物は？（物でも人でも思い出でもOK）
人脈

・自分の強みは？（ここだけは他の人に負けない！）
顔

・あなたにとってPRODUCE101とは？
人生を変える場所

・PRODUCE101で一番思い出に残った瞬間は？
→（オーディションでつらかったこと、たのしかったことなど）
プロフィール撮影の時の101人がメイクしてもらってる時緊張してたり知り合いがいっぱい居て、なんか…あって気持ちが楽になって集中できました。

・PRODUCE101で一番感謝を伝えたい人は？その理由は？
親友、いつもどんな時でも側で支えてくれた。

・自分を応援してくれたファンへの感謝の一言をください
→（将来の夢（デビューが決まったら何がしたいか、など））
正直ダンスも歌も自信がないし顔がいい、てたくさん言ったけどダンス、歌が出来ない分他の事って自分には顔しかない、って思ってました。それでも顔だけでも応援してくれた方々にとても感謝してます。

堀 蒼太

・好きな人のタイプは？（なるべく具体的にお願いします）
あまり決まりは無くて、好きになった人がタイプですが、料理できる方がいいです！

・好きな香りは？（具体的な名前でも、冬の森の匂いなど抽象的でも OK）
ヒノキの香り、紅茶の香り

・一番の宝物は？（物でも人でも思い出でも OK）
今までの人生経験。
SHINee さんのサインボールとサインボード。

・自分の強みは？（ここだけは他の人に負けない！）
パフォーマンスに対する観察力と洞察力です。
僕は昔から振り付けを覚えて踊ることが多かったので、忠実に細かく
見て覚えるのがとくいです。

・あなたにとってPRODUCE101とは？
決して１人では掴むことのできない新たな Chance.

・PRODUCE101で一番思い出に残った瞬間は？
→（オーディションでつらかったこと、たのしかったことなど）
思い出に残った事は、
最終審査が東京で行われる前の日、急に体調不良になり色んな思いが
頭を巡っていました。その瞬間は自分で認めたくなかったですが、検査
を受けることにしました。結果は陽性だったので最後の調整練習も出来ていま
せんでした。ですが、丁度大雪で電車が遅延になり、リモートでの審査にな
りました。体調悪かった状態で出来たので、これ運命だと思いました！笑

・PRODUCE101で一番感謝を伝えたい人は？その理由は？
一番感謝を伝えたい人は母親です。小さい頃からこの道に進む
ことを反対された事が一度もなく、一番近くで応援していてくれた
からです。

・自分を応援してくれたファンへの感謝の一言をください
→（将来の夢（デビューが決まったら何がしたいか、など））
101人の中から僕を見つけてくれた方々、僕を広めて応援してくれた
方々に本当に本当に感謝しています。こんな未熟者の僕にも応援して
くださる方がいて本当に有り難く思います。お一人お一人お礼をしに行きた
いぐらいです…。もしデビューが決まったら、ストーリー仕立てのライブを制作
としLIVEを開催する事です！これは強くやりたい気持ちがあります！

本多 大夢

・好きな人のタイプは？（なるべく具体的にお願いします）
ご飯を美味しそうに食べる人。指が綺麗な人。
ちょっとワガママな人！

・好きな香りは？（具体的な名前でも、冬の森の匂いなど抽象的でも OK）
焼きたてのパンの匂い。ホームセンターの匂い。
犬の肉球の匂い。

・一番の宝物は？（物でも人でも思い出でも OK）
20年間 僕を支えて、応援してくれた人たち全て！！

・自分の強みは？（ここだけは他の人に負けない！）
歌で想いを伝える！伝えたいという気持ちは誰にも負けません！
カバー曲だったり、どんな歌を歌っても聴いている人が、それを自分
に置き換えて聴けるようなそんな、心で歌う歌を歌いたい。

・あなたにとってPRODUCE101とは？
僕の人生20年間という、少ない人生ですが、その全てをかけたオーディションです。
今まで、色々なジャンルの音楽に触れてきたけど、またK-POPがやりたく
なり、これが最後の挑戦という覚悟で臨みました。
また、応援してくれる方々がいるという有難さに改めて気づくことができました。

・PRODUCE101で一番思い出に残った瞬間は？
→（オーディションでつらかったこと、たのしかったことなど）
久しぶりにダンスをやって、直していかなきゃいけない部分などに向き合って
ひたすら練習したことは大変だったけど楽しかったです。
国民の皆さんに（国民プロデューサー）どうしたら自分という人間が伝わる
のか色々考えている時間も楽しかった。

・PRODUCE101で一番感謝を伝えたい人は？その理由は？
家族です。高校2年生で音楽を始めて現在に至るまで中々結果を残せ
なかったので不安にさせていたと思いますが、produce101含め、僕がやりたいと
言ったこと全てを分からせてくれて応援してくれました。

・自分を応援してくれたファンへの感謝の一言をください
→（将来の夢（デビューが決まったら何がしたいか、など））
大切な、貴重な時間を使って応援してくださったことに感謝したいです。
ありがとうございます。デビューできたら、今度は僕が皆さんにパワーを
あげられるように少しずつ恩返しをしていきたいです。
また、そんな皆さんに向けた曲を作って感謝の気持ちで歌ってみたいです。

松田 迅

・好きな人のタイプは？（なるべく具体的にお願いします）
黒髪ロング、静か系だけどしゃべりやすい人

・好きな香りは？（具体的な名前でも、冬の森の匂いなど抽象的でもOK）
シャンプーや柔軟剤の香り　優しい香りが好き！

・一番の宝物は？（物でも人でも思い出でもOK）
ファンの皆様　、友達

・自分の強みは？（ここだけは他の人に負けない！）
コミュニケーション力！　もし合宿に参加できたら、皆と話してみたい

・あなたにとってPRODUCE101とは？
私の人生でとても大きくて、重要なチャンスであり、乗り越えなければならない「壁」だと思います。その壁を越えた先に、光輝いている「自分」を見つける事ができると思います。

・PRODUCE101で一番思い出に残った瞬間は？
→（オーディションでつらかったこと、たのしかったことなど）
オンライン審査の面接時、完全に落ちたと思ったこと。

・PRODUCE101で一番感謝を伝えたい人は？その理由は？
ファンの皆様　私1人では絶対にデビューなんてできないし、合宿にも参加できないので、ファンの皆様に支えられている事に常に感謝しています。

・自分を応援してくれたファンへの感謝の一言をください
→（将来の夢（デビューが決まったら何がしたいか、など））
ファンの皆様、私がツライ時も、うれしい時も一緒に分け合う事ができて、とても幸せです！皆様がいていなかったら今の松田 迅はいないし、これからも輝いている松田 迅はいないと思います。本当に感謝しかないです。いつか皆様と ライブや握手会 などを通して名前と顔を覚えたいです！その時は、ぜひ 会いに来てください！待ってまーす。

松本 旭平

・好きな人のタイプは？（なるべく具体的にお願いします）
笑顔が素敵な子

・好きな香りは？（具体的な名前でも、冬の森の匂いなど抽象的でもOK）
香水だと少し甘めながらも さわやかな香りが好きです

・一番の宝物は？（物でも人でも思い出でもOK）
ファンの皆様
本当です。狙ってません。笑

・自分の強みは？（ここだけは他の人に負けない！）
101人の中で最年長なので、年齢の分の色気ですかね…笑

・あなたにとってPRODUCE101とは？
自分を成長させてくれる場所
この年代になって我武者羅になれた事感謝です。

・PRODUCE101で一番思い出に残った瞬間は？
→（オーディションでつらかったこと、たのしかったことなど）
オーディション中、次の審査に進めるか 毎度寝れなくなる程 ドキドキでした。

・PRODUCE101で一番感謝を伝えたい人は？その理由は？
101人、そして応募した全ての方々 自分を奮い立たせてくれ、もっともっとと思わせてくれたみんなに感謝しかないです。

・自分を応援してくれたファンへの感謝の一言をください
→（将来の夢（デビューが決まったら何がしたいか、など））
こんな僕を見つけて下さり ありがとうございます。年齢も一番上、歌もダンスも全然だった僕を応援して、支えて下さった皆様に僕から拍手を送らせて下さい。大好きです。ありがとう！！

丸林 健太

・好きな人のタイプは？（なるべく具体的にお願いします）
静かな子です。

・好きな香りは？（具体的な名前でも、冬の森の匂いなど抽象的でもOK）
柔軟剤の香り。

・一番の宝物は？（物でも人でも思い出でもOK）
家族と丸林健太です。

・自分の強みは？（ここだけは他の人に負けない！）
笑顔とやる気です。

・あなたにとってPRODUCE101とは？
有名なオーディション番組です。

・PRODUCE101で一番思い出に残った瞬間は？
→（オーディションでつらかったこと、たのしかったことなど）
ZOOMで名前が反転したこと。辛かったです。

・PRODUCE101で一番感謝を伝えたい人は？その理由は？
両親がこんなに応援してくれると思わなくて、感動した。

・自分を応援してくれたファンへの感謝の一言をください
→（将来の夢（デビューが決まったら何がしたいか、など）
本当に何もできない僕を応援してくれて感謝しかないです。
絶対にデビューするので、その時はまた応援してくださると
嬉しいです。

三浦 由暉

・好きな人のタイプは？（なるべく具体的にお願いします）
明るくて元気があってエナジーを感じる ご飯屋で
迷わず大盛りを頼んじゃうような子です。

・好きな香りは？（具体的な名前でも、冬の森の匂いなど抽象的でもOK）
香水だとオレンジなどの柑橘系の香りが好きです。
自然だと快晴の海の香りが好きです

・一番の宝物は？（物でも人でも思い出でもOK）
高校の友達が上京する時にプレゼントを
してくれたメッセージボードです。

・自分の強みは？（ここだけは他の人に負けない！）
自分は、才能というよりは努力でつかんで
きた人なので、自分の強みはとにかく努力
をし続けることだと思います。

・あなたにとってPRODUCE101とは？
ずっと観てきた憧れの場所です。
このPRODUCE101をきっかけに世界へ羽ばたいていった
アーティストさん達をこれまでたくさん見てきたので、今
自分が練習生なのがとても不思議です

・PRODUCE101で一番思い出に残った瞬間は？
→（オーディションでつらかったこと、たのしかったことなど）
周りに実力のある方やかっこいい方ばかりで
自分はこの中で先駆けるかとても不安でつら
かったです。プロフィール撮影の時、はじめて自分
の顔にメイクをしてもらって、新しい自分に出会え
たようでとてもわくわくして楽しかったです。

・PRODUCE101で一番感謝を伝えたい人は？その理由は？
両親です。先の見えない夢を追う中で文句
一つ言わず、応援し続けてくれた両親には
とても感謝しています。

・自分を応援してくれたファンへの感謝の一言をください
→（将来の夢（デビューが決まったら何がしたいか、など）
こんな三浦由暉という存在を見つけてくださり
ありがとうございます！！！
みなさんの一つ一つの言葉がとても支えになりま
した。たくさん恩返しできるようにこれから元気頑張ります！
三浦由暉のサンタ達！大好きです！

三佐々川 天輝

・好きな人のタイプは？（なるべく具体的にお願いします）
笑顔がすてきで、一緒にいて楽しい人です。

・好きな香りは？（具体的な名前でも、冬の森の匂いなど抽象的でもOK）
入浴剤や、柔軟剤の香り。

・一番の宝物は？（物でも人でも思い出でもOK）
友達や、家族です。僕の夢を、ずっと応援して
くれる友達や家族が大切です

・自分の強みは？（ここだけは他の人に負けない！）
負けず嫌い！！絶対に何事にも諦めない
気持ちは誰よりも強いと思います。

・あなたにとってPRODUCE101とは？
僕にとってPRODUCE101は僕の夢を明確にして
くれた存在です。ずっとこの場所に立ちたいと、
心に決めていました。

・PRODUCE101で一番思い出に残った瞬間は？
　→（オーディションでつらかったこと、たのしかったことなど）
オンタクト能力審査の時です。何事ももうですが
結果が発表されるまでの期間本当に、ずっと
ソワソワドキドキして日常を過ごしました。
あの先の事が分からないソワソワは、すごく緊張
します。

・PRODUCE101で一番感謝を伝えたい人は？その理由は？
　友達、家族、国民プロデューサーの皆さんです。
こんなまだまだちっぽけな自分の為に、たくさんいっぱい
応援してくれるのは本当に力がわき出るし元気になります。

・自分を応援してくれたファンへの感謝の一言をください
　→（将来の夢（デビューが決まったら何がしたいか、など））
まだ、まだ出会った事もない、自分の事を応援して
くれて本当に感謝します。今は、このご時世で、
会うきかいが、ないかもですが、必ずデビューして
僕がもっと頑張るすがたを、一緒に見届けて欲しい
です。必ず会いましょう！！

宮崎 永遠

・好きな人のタイプは？（なるべく具体的にお願いします）
ギャップのある人。思いがけない一面が垣間見えたり
するとキュンとしちゃいます。

・好きな香りは？（具体的な名前でも、冬の森の匂いなど抽象的でもOK）
柑橘系の果物の皮を、むいたときに、ほんのり感じる
甘酸っぱい香り。

・一番の宝物は？（物でも人でも思い出でもOK）
弟です。10年間ひとりっ子だった僕にできた、たった1人の
弟なので、可愛くてしかたないし、一生大事にしたいです。

・自分の強みは？（ここだけは他の人に負けない！）
どんなときでも明るくポジティアでいられること。嫌なことが
あっても人のせいにはせず、周りが落ち込んでいたらそっと寄り
添える存在になれるように努力しています。

・あなたにとってPRODUCE101とは？
夢を叶えるチャンスの約場所。ダンスを続けていく仲ができた。
アーティストになるという夢を叶えるために、自らの経験を生かして、
仲間、ライバルと共に切磋琢磨しながら高め合える。
そんなみんなの夢が集結した場所だと思います。

・PRODUCE101で一番思い出に残った瞬間は？
　→（オーディションでつらかったこと、たのしかったことなど）
撮影の際に、プロのメイクさんにメイクをしていただいたのがとても
嬉しかったです。初めての経験だったので、左右にいる人のときには とても緊張
しましたが、かこくにメイクしていただき、衣装に着替えた瞬間に気合が
入ったし、その僕の撮影も頑張れました。他の練習生にも数人でが
初めて直接会うことができて、とても嬉しかったです。

・PRODUCE101で一番感謝を伝えたい人は？その理由は？
お母さんです。僕がダンスを始めるきっかけになったのも母の影響
だし、今まで続けていくなかで、常に近くで応援してくれたので
本当に感謝しています。

・自分を応援してくれたファンへの感謝の一言をください
　→（将来の夢（デビューが決まったら何がしたいか、など））
こんな未熟な僕を信じて応援していただき本当にありがとう
ございます。その期待に応える為に、このオーディションを通じて成長した姿を
お見せすることを約束します。デビューが決まったら、音楽やパフォーマンスで
夫兄をお届けすることはもちろん、みなさんを幸せにするアイドルに
なってみせます！

宮下 紀彦

・好きな人のタイプは？（なるべく具体的にお願いします）
一緒にいて楽しくて、どこか抜けている天然な人に惹かれます。大人っぽい女性にも惹かれます。

・好きな香りは？（具体的な名前でも、冬の森の匂いなど抽象的でもOK）
ホワイトローズのような少し甘めで、女性に人気があるような香りが好きです。

・一番の宝物は？（物でも人でも思い出でもOK）
僕の今までの人生、これからの人生で関わってくる全ての人が宝物です。

・自分の強みは？（ここだけは他の人に負けない！）
ストイックで負けず嫌いなところです。平等に与えられる時間の中で、何に対しても自分を追い込むことができると思っています。

・あなたにとってPRODUCE101とは？
僕にとってPRODUCE101は第2の人生へのスタートラインだと考えています。オーディションに応募するのは初めての経験でしたが、一生の記憶に残るくらいの体験でした。

・PRODUCE101で一番思い出に残った瞬間は？
→（オーディションでつらかったこと、たのしかったことなど）
歌とダンスにここまで全力に取り組むことは初めての経験だったので、練習する毎日が新鮮でとても楽しかったです。同じ夢をもつ沢山の仲間との出会いも刺激的で中々味わうことのできない体験で思い出に残っています。

・PRODUCE101で一番感謝を伝えたい人は？その理由は？
両親です。僕の夢に対して反対することなく、全力で応援してくれたからです。これからの人生で精一杯親孝行したいです。

・自分を応援してくれたファンへの感謝の一言をください
→（将来の夢（デビューが決まったら何がしたいか、など）
僕を応援してくれた国民プロデューサの皆さん、本当にありがとうございました！デビューが決まった後も皆さんの期待を裏切ることのないように毎日練習に励み、全力で恩返しします。デビューが決まったり、楽しくて継続できるような筋トレを紹介したいです（笑）

向山 翔悟

・好きな人のタイプは？（なるべく具体的にお願いします）
よく笑う、元気な人で アウトドアも インドアも 一緒に 楽しんでくれる人！

・好きな香りは？（具体的な名前でも、冬の森の匂いなど抽象的でもOK）
ディズニーランドの ポップコーン屋さん周りの匂い！

・一番の宝物は？（物でも人でも思い出でもOK）
仲間

・自分の強みは？（ここだけは他の人に負けない！）
向上心が高く、常に成長し続ける気持ちと行動力が負けません！それと、猫舌の強度も負けないと思います！

・あなたにとってPRODUCE101とは？
夢を叶える大。見てくださる方に希望を与えられるもの。そして同時に、夢を叶える難しさと苦しさも実感できるもの。応援してくださる方へ恩返しできる機会と、自分を追い込み挑戦できる機会を与えてくれるもの。

・PRODUCE101で一番思い出に残った瞬間は？
→（オーディションでつらかったこと、たのしかったことなど）
初めてのメイクや、初めての撮影、初めてのインタビューなど、初めての経験ばかりが全て思い出に残っていてとても楽しかったです！練習生のみなさんやスタッフさんに初めてお会いして、話したことも印象的で、思い出に残っています！

・PRODUCE101で一番感謝を伝えたい人は？その理由は？
僕を応援してくださる方々です！応援してくださることで、僕は頑張れるし、更に上へ、次のステップへ進めると思うからです。一つ一つの応援が、本当に僕の力の源で、全力で挑戦できる理由です。

・自分を応援してくれたファンへの感謝の一言をください
→（将来の夢（デビューが決まったら何がしたいか、など）
僕を応援してくださったり、本当にありがとうございます！みな様の応援が僕の背中を押してくれるので、必ず夢を叶えよう、全力でやりきろうと思わせてくれます。デビューが決まったら、応援してくれた方に僕の成長した姿を全力で披露したいです。そして、そこからまた成長できる様にスタートしたいです！

・好きな人のタイプは？（なるべく具体的にお願いします）

優しくて、僕のキャラクター性を受け入れてくれる方がタイプです。

・好きな香りは？（具体的な名前でも、冬の森の匂いなど抽象的でも OK）

ラベンダーのかほり

・一番の宝物は？（物でも人でも思い出でも OK）

PRODUCE 101 JAPANに参加ができたこと

・自分の強みは？（ここだけは他の人に負けない！）

イタリアン料理が得意な所です！アラビアータのトマトソースは 30分以上、愛情を込めて煮込みます。

・あなたにとってPRODUCE101とは？

僕にとって夢をツカムための最後のチャンス、そして一瞬でスターになれる場所

・PRODUCE101で一番思い出に残った瞬間は？
→（オーディションでつらかったこと、たのしかったことなど）

ずっと憧れのPRODUCE 101 シリーズの制服を着れたことです。season2の制服は白だったので、王子様気分になりました。

・PRODUCE101で一番感謝を伝えたい人は？その理由は？

国民プロデューサーの皆様です。このオーディションに参加できたのも、皆様の応援が心にあったから今の僕がいるからです。

・自分を応援してくれたファンへの感謝の一言をください
→（将来の夢（デビューが決まったら何がしたいか、など））

国民プロデューサーの皆様、応援本当にありがとうございます！デビューが決まったら笑いと感動を与えるアイドルを目指します。

・好きな人のタイプは？（なるべく具体的にお願いします）

聡明な子、よく笑う子

・好きな香りは？（具体的な名前でも、冬の森の匂いなど抽象的でも OK）

鈴蘭の香り

・一番の宝物は？（物でも人でも思い出でも OK）

自分を取り巻く環境にいる家族と友人

・自分の強みは？（ここだけは他の人に負けない！）

自分に対して素直に向き合うことができること。

・あなたにとってPRODUCE101とは？

僕にとってProduce101は、自己を外在化し、拡張し、そして更新しうるもの。音楽の上での自己表現を通して、その複雑性と価値基準を能動的に探り、観る得ることで 自己の殻と破り、新たな自分を発見出来ると考えています。

・PRODUCE101で一番思い出に残った瞬間は？
→（オーディションでつらかったこと、たのしかったことなど）

制服のジャケットを身に纏った瞬間。オーディション中は学校の課題、アルバイト、インターンの仕事、ダンス、歌の練習で怒涛の日々を過ごし、煩悶としていました。練習生に選ばれ、初めてジャケットを着た時は心が躍りました。

・PRODUCE101で一番感謝を伝えたい人は？その理由は？

母です。元々、Produce101の番組が好きな母は、僕が出演させていただくことになった時にとても喜んでくれました。それが自分にとって励みになったので、母です。

・自分を応援してくれたファンへの感謝の一言をください
→（将来の夢（デビューが決まったら何がしたいか、など））

101人の練習生の中から僕を見つけてくださって、そして温かく見守り、応援してくださって本当にありがとうございます。少しずつになるとは思いますが、何かの形で恩返ししていこうと考えています。こんな僕ですが、これからも宜しくお願い致します！

森崎 大祐

・好きな人のタイプは？（なるべく具体的にお願いします）
内面的な面では 少しクールなとこある方がタイプです。

・好きな香りは？（具体的な名前でも、冬の森の匂いなど抽象的でもOK）
真冬の朝の空気の中にまじれてる匂い

・一番の宝物は？（物でも人でも思い出でもOK）
一番の宝物は自分自身です。

・自分の強みは？（ここだけは他の人に負けない！）
ステージの上での自分の魅せ方だけは誰にも負けません！！

・あなたにとってPRODUCE101とは？
自分の夢はどういうものだったのかを
ものすごく身近で経験させてくれて後押ししてくれる
こよなくない最高のプログラムです！！

・PRODUCE101で一番思い出に残った瞬間は？
→（オーディションでつらかったこと、たのしかったことなど）
つらかったことはありません！毎日毎日 自分の長所や短所
を気付けたり、今までで一番といえるほど「幸せな努力」を
していたと思います！毎日 毎日PRODUCE101の事を
考えなかった日はないです！！

・PRODUCE101で一番感謝を伝えたい人は？その理由は？
スタッフさんたちです。韓国に直帰までした僕を色々サポート
していただいたり、撮影のときもさん々な経験をさせてくださった
からです。

・自分を応援してくれたファンへの感謝の一言をください
→（将来の夢（デビューが決まったら何がしたいか、など）
一つだけ約束します。応援していただいた分、必ず幸せ
にします。どんな形であれ、毎日の生きがいになるような、見
てるだけで幸せになるような、そんな森崎大祐になります。
そしていっぱい笑顔を見せてね！！

安江 律久

・好きな人のタイプは？（なるべく具体的にお願いします）
友達みたいに楽しく話せる人が好きです。趣味が偏長が居る人で
あれば居心地が良いので自然と好きになっちゃうものです。伝話がロートーンが◎

・好きな香りは？（具体的な名前でも、冬の森の匂いなど抽象的でもOK）
映画館の匂いです。ポップコーンから炭酸ジュースから色の混ざった
匂いですが、なぜか自然と画面に集中が出来ます。落ち着く匂いですよね。

・一番の宝物は？（物でも人でも思い出でもOK）
PRODUCE101に参加できたことです。僕にとっては、このプログラムに自分の名前が
載るだけでも一生の宝物です。
でも、ここで留まることなく、このままデビューを掴み取り、新しく宝物を
増やします。

・自分の強みは？（ここだけは他の人に負けない！）
RAPです。僕が高校生の時、WINに出演した引退出に大きな衝撃を受けて
HIPHOPに興味を持ちました。韓国・日本・欧米に住んだ僕ならではのスタイル・カルチャーがあり、
僕を理解しようとする僕だからこそ表現できるRAPがあると確信しています。

・あなたにとってPRODUCE101とは？
PRODUCE101は韓国のアイドル文化を狂信する僕にとって、夢のような、
自分が臨んで込んではいけないような.....、そんな眩しくて神聖なプログラムだと思っています。
元々事務所に所属していながら、表に出る機会も中々得られなかった練習生
達が参加する番組なので、歌・ダンス・ラップ全て未経験の僕がプデュのものさしで
図られることが正直怖いです。しかし、出演する上で覚悟した以上この番組を前向い、
姿勢、何より必ずデビューまで走り抜きます。もしも、歴代のプデューズに並ぶ程の
輝かしいアイドルになるまで、歩みを止めないとここに誓います。

・PRODUCE101で一番思い出に残った瞬間は？
→（オーディションでつらかったこと、たのしかったことなど）
やはり101人がパフォーマンス出来なかったことが悲しいしつらいです。

・PRODUCE101で一番感謝を伝えたい人は？その理由は？
やはり家族、もしくは親族のみんなです。一般企業からの内定を頂いたのにも
関わらず、リスクの高い世界への挑戦を無理しくくれたみんなには頭が上がりません。
もし自分が親だったら、ここまで素直に応援できたのかなと.....、改めて感謝を伝えたいです。

・自分を応援してくれたファンへの感謝の一言をください
→（将来の夢（デビューが決まったら何がしたいか、など）
沢山の人達の中から僕を見つけてくれてありがとう！何のスキルも経験もない僕
を応援するのはとても勇気のいることだったのではないかなと思います。それほど僕を応援してくれている
皆さんに言いたい！！！！"絶対に後悔させません。"近い将来、あなたの友人にも
ご家族にも知らない人々までにも自慢できるようなアイドルになります。自分には色々と実現
できるだけの可能性と責任があると僕は信じています。皆さんも信じていて下さい。
P.S. デビューが決まったら、ありがとうソング作ります。

山田 英樹

・好きな人のタイプは？（なるべく具体的にお願いします）

自分らしさを持っていて、芯のある人。
好きなことに全力で取り組む姿に惹かれます。

・好きな香りは？（具体的な名前でも、冬の森の匂いなど抽象的でもOK）

甘い香りがとても好きです。
柑橘系の香りも大好きです。

・一番の宝物は？（物でも人でも思い出でもOK）

今までに自分と出会ってくれて、関わって下さった
方々が何にも変えられない宝物です。

・自分の強みは？（ここだけは他の人に負けない！）

どんな時でも周りを大切にする所、
自分という芯を曲げずに何事にも真っ直ぐ
に取り組める所です。あとすごく負けず嫌いです。

・あなたにとってPRODUCE101とは？

自分が小さい頃から憧れていた世界に
入るためのチャンスをくれた存在。
そして自分自身を成長させ、夢を掴む
ために全力になることができたかけがえのない
場所です。

・PRODUCE101で一番思い出に残った瞬間は？
→（オーディションでつらかったこと、たのしかったことなど）

まず101人に残ることができた時は
本当に嬉しかったです。自分の今まで
積み上げてきた努力が報われて、言葉では
言い表すことができない感情でした。
素敵な仲間たちに出会えたことが最高の
思い出です。

・PRODUCE101で一番感謝を伝えたい人は？その理由は？

家族、そして昔から仲の良い最高の
友人たちには感謝してもしきれません。
いつ何時でも自分の背中を押してくれて、
勇気も、自信もくれたこと、本当に感謝です。

・自分を応援してくれたファンへの感謝の一言をください
→（将来の夢（デビューが決まったら何がしたいか、など））

応援して下さったファンの皆様、本当に、
本当にありがとうございます。今の自分が
あるのは、皆様の応援があったからです。
これからも、もっと、もっと高みを目指し、世界に
羽ばたいていける最高のグループに絶対なります。
なのでこれからも皆様と共に頑張っていきたいです。

山本 遥貴

・好きな人のタイプは？（なるべく具体的にお願いします）

かっこいい、自分を持っているような人です。

・好きな香りは？（具体的な名前でも、冬の森の匂いなど抽象的でもOK）

あまり強い匂いは好きじゃないので、柔軟剤くらいの
やさしい匂いが好きです。

・一番の宝物は？（物でも人でも思い出でもOK）

友達です。僕にとって友達は家族のようなもの
だと思うぐらい大切です。

・自分の強みは？（ここだけは他の人に負けない！）

自分の強みは伸びしろが多いところだと思います。
ファンの方に、まだまだ成長する姿をみせることができる
からです。

・あなたにとってPRODUCE101とは？

僕にとってこのPRODUCE101は憧れの場所であり、
自分を変えるチャンスの場でもあると思っている。オーディショ
ンを通して、たくさんの人に新しい自分を知ってもらいたい
です。

・PRODUCE101で一番思い出に残った瞬間は？
→（オーディションでつらかったこと、たのしかったことなど）

PRODUCE101で一番の思い出は、僕にとって初めて
の撮影です。メイクをしてもらったり、髪の毛をセットし
てもらうことが一生で初めての体験でした。今でも
楽しい時間だったなと、とても思い出します！

・PRODUCE101で一番感謝を伝えたい人は？その理由は？

一番感謝を伝えたい人は家族、友達です。オーディション
に参加したいという話をした時に、本当にたくさん応援して
もらいました。改めて恵まれているんだなと感じました。

・自分を応援してくれたファンへの感謝の一言をください
→（将来の夢（デビューが決まったら何がしたいか、など））

僕のことを応援して下さったファンの方々には感謝しても
しきれません。こんな僕を101人の中から見つけてくれ
たことが何よりも嬉しいです。これからも僕が成長していく
姿を応援して下さい！

吉井 寧皇

・好きな人のタイプは？（なるべく具体的にお願いします）

誠実で一生懸命夢を追いかけている方
「ありがとう」を素直に言える方

・好きな香りは？（具体的な名前でも、冬の森の匂いなど抽象的でもOK）

雨上がりの森

・一番の宝物は？（物でも人でも思い出でもOK）

家族と友達はなににもかえられない宝物

・自分の強みは？（ここだけは他の人に負けない！）

しっかりと相手の目を見て挨拶ができること

・あなたにとってPRODUCE101とは？

僕にとっての PRODUCE101 とは、ようやく掴んだ
大好きな歌でデビューするためのチャンスの切符です!!

・PRODUCE101で一番思い出に残った瞬間は？
→（オーディションでつらかったこと、たのしかったことなど）

オーディションで一番嬉しかったことは
いろんな方に僕のパフォーマンスを見ていただいたことです!!

・PRODUCE101で一番感謝を伝えたい人は？その理由は？

9月に入学したばかりの大学のこともあったにもかかわらず
「今を大切にしなさい」と見送ってくれ応援してくれた
両親に感謝を伝えたいです。

・自分を応援してくれたノッパの感謝の一言をください
→（将来の夢（デビューが決まったら何がしたいか、など））

まったくの無名で まだまだ未熟な僕を応援して下さった
ファンの皆さんには感謝してもしきれません。
もしデビューが決まったら まずはイベントなども通して
直接ファンの皆さんに感謝を伝えたいです
そして・・・夢はグラミー賞を取る事!!

吉田 翔馬

・好きな人のタイプは？（なるべく具体的にお願いします）

一般常識があり、礼儀正しい。また、良く笑い、
良く食べ、一緒におちゃらけられる人です。

・好きな香りは？（具体的な名前でも、冬の森の匂いなど抽象的でもOK）

石けんやシャンプーの香り、リラックス系の香り、あとは、
食欲をそそる焼肉の香り。（セクシー系の香りに憧れます…）

・一番の宝物は？（物でも人でも思い出でもOK）

応援して下さってる方々、友達、家族!!

・自分の強みは？（ここだけは他の人に負けない！）

。今日より明日！日々成長していく 向上心。 。夢に向かって
頑張り抜く忍耐力。 。1分PRは人生の困難や壁を最後まで
笑顔で打ち勝つことを表現しました（笑）

・あなたにとってPRODUCE101とは？

"夢を叶える場所" です。幼い頃から芸能界への憧れがあり
いつか夢が叶う時の為に恥ずかしくない人生を歩んで、人生をかけて参加
させて頂きました。僕の魅力を沢山の方に知ってもらう。
かけがえのないチャンスを与えて下さる場所です。

・PRODUCE101で一番思い出に残った瞬間は？
→（オーディションでつらかったこと、たのしかったことなど）

大好きな"ツバメ"を踊ったあの瞬間、すごくかっこいい制服や
かわいいお洋服に袖を通した瞬間、そして ヘアメイクをしてもらった時
すごく感動しました!!

・PRODUCE101で一番感謝を伝えたい人は？その理由は？

応援して下さってる方々、友達、家族です。 家族から聞いたのですが、僕の
ことを沢山の方に知ってもらおうと色々な手段で拡散して下さり とても感謝して
います。必ず恩返しします!!

・自分を応援してくれたファンへの感謝の一言をください
→（将来の夢（デビューが決まったら何がしたいか、など））

これまで応援して下さった方々も、今回初めて僕のことを知って応援して下さって
る方も 沢山の愛をありがとうございます♡ コロナの影響で 皆さんに
直接会えなく、見ていただくことがなく寂しいです。もし僕が夢を
掴むことが出来たら、コンサートや握手会、ハイタッチ会、あっち向いてホイ会
など皆さんが望むイベントで直接お会いして感謝を伝えたいです♡

四谷 真佑

・好きな人のタイプは？（なるべく具体的にお願いします）
　一緒に居て、無言でも苦にならない人。
　優しく、人の意見を素直に聞ける人。

・好きな香りは？（具体的な名前でも、冬の森の匂いなど抽象的でもOK）
　お花屋さんの香りや自然の香り。
　人が何も手を加えていない自然の香り。

・一番の宝物は？（物でも人でも思い出でもOK）
　家族。

・自分の強みは？（ここだけは他の人に負けない！）
　歌への思い、誠実さ。
　絶対に応援して頂いている方々への恩返しをするという
　強い気持ち。

・あなたにとってPRODUCE101とは？
　昔からずっと見ていて大好きな番組でした。
　沢山の勇気をもらってきました。
　PRODUCE101は僕の人生を大きく変えてくれた
　番組です。僕もプデュでデビューしたいと思うようになりました。

・PRODUCE101で一番思い出に残った瞬間は？
　→（オーディションでつらかったこと、たのしかったことなど）
　二次審査が終わり、101人が選ばれる隙の
　合格通知が来た時です。
　ずっと夢であったプデュに後悔したくなく応募をして
　101人になるまではずっと不安でした。
　101人に選ばれた時は嬉しくおもわず泣いてしまいました。

・PRODUCE101で一番感謝を伝えたい人は？その理由は？
　学校の先輩です。元々、PRODUCE101を知った
　理由が学校の先輩からの話でした。その話をしていなければ
　僕はプデュの存在すら知らなかったと思うので本当に感謝です。

・自分を応援してくれたファンへの感謝の一言をください
　→（将来の夢（デビューが決まったら何がしたいか、など））
　本当に。本当にいつも応援、愛と関心を
　ありがとうございます。
　絶対にみなさんを世界に連れていくので
　一緒にこれからも歩みましょう。
　みなさん、本当に大好きです。

NIGHT ROUTINE

番組では未公開だった、60人の練習生たちが合宿中に行っていた
ナイトルーティーンの様子を自撮りしてもらいました。

"GOOD NIGHT!"

Zzz...

BTSのテテさんとお揃いの
フレームのメガネ♪

一年前くらいから
読書にハマってます

喉にいい
ハーブティーを
飲んでリラックス

家から
自分の布団を
持ってきました！

口角上げハンガーで
笑顔のトレーニング！

毎日体重計に
乗ります。
今日は
58.1キロ
でした

お風呂でよく
歌っています

筋トレ。ぼく実は
マッチョなんです

お腹が
すいたら
ナッツか
プルーンで
我慢

ルーティーンは
特になし、
その日の気分で
生きてます（笑）

練習でケガを
しないように
柔軟！

毎日日記を
つけています

歌詞を
ノートに書いて
曲作りしてます

メガネの度は結構強い方です

スキンケアして
お肌モチモチです

壁に足を
つけて、
開脚する
という
ストレッチ

アロハを着て
ウクレレ！

プロテインと肌ケア！

瞑想して
精神統一！

Zzz...

スタッフや練習生自ら撮影したスナップ集

Back Stage Snap

PRESENT

ページ右下の応募券を付属のハガキに貼り付けてご応募いただくと、抽選で、練習生の生写真5枚セットや、オフィシャルグッズをプレゼントいたします。ぜひご応募ください。

Present 1

生写真5枚セットを3名様にプレゼント！
誌面に掲載している写真を5枚セットでプレゼントいたします。

※掲載している写真は見本です。変更することがございますのでご了承ください。

(1) 生写真5枚セット 3名様

Present 2

(2) マフラータオル 5名様

Present 3

(3) 練習生日記 5名様

Present 4

(4) LET ME FLY チャーム
付きボールペン 5名様

Present 5

(5) ワッペンブローチセット
5名様

Present 6

(6) ハーフ＆ハーフ トート
バッグ 5名様
(オレンジ3名、ブルー2名)

※色・サイズを選ぶことはできません。ご了承ください。

★応募方法

付属のハガキにページ右下の応募券を貼り付けていただき、プレゼント送付先ご住所、お名前、年齢、職業、アンケート欄にご記入の上、(1)～(6)の希望プレゼント番号を明示し、63円切手を貼ってお送りください。※応募締め切りは2021年9月31日(当日消印有効)です。なお、プレゼントの当選は、発送をもってかえさせていただきます。

▶公式グッズの最新情報は公式ホームページをチェック！

応募券

Thanks!

TV PROGRAM CREDIT

特別協賛　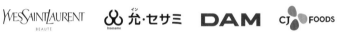SoftBank

協賛　FuRyu

協力　adidas　YVESSAINTLAURENT BEAUTE　允・セサミ Insesame　DAM　CJ FOODS

課題曲　「Let Me Fly」
作詞　Kanata Nakamura（中村彼方）、Gloryface (Full8loom)
作曲　Gloryface、Jinli、yuka、HARRY (Full8loom)
編曲　yuka、HARRY（Full8loom）

制作協力　MCIP ホールディングス　IVSテレビ制作　VIVIA　CJ ENM

制作　吉本興業

制作著作　LAPONE

PRODUCE 101 JAPAN SEASON 2 FAN BOOK

2021 年 6 月 22 日初版発行
2021 年 7 月 15 日 2 刷発行

出演　PRODUCE 101 JAPAN SEASON 2　練習生の皆さん

発行人　藤原寛
編集人　新井治

編集　河野利枝、金本麻友子
デザイン・DTP　大滝康義（株式会社ワルツ）
本文 DTP　近藤みどり、鈴木ゆか
写真　永留新矢
プロモーション　村上覚、重兼桃子、白欣翰
企画・進行・編集　太田青里

営業　島津友彦（株式会社ワニブックス）

主催　PRODUCE 101 JAPAN SEASON 2　運営事務局 (CJ ENM/ 吉本興業)

発行　ヨシモトブックス
　　　〒160-0022 東京都新宿区新宿 5 -18-21
　　　TEL 03-3209-8291

発売　株式会社ワニブックス
　　　〒150-8482 東京都渋谷区恵比寿 4-4-9 えびす大黒ビル
　　　TEL 03-5449-2711

印刷・製本　シナノ書籍印刷株式会社

Based on the format ' Produce 101' produced by CJ ENM Corporation

©LAPONE ENTERTAINMENT/ 吉本興業 2021 Printed in Japan
ISBN　978-4-8470-7070-9　C0076

本書の無断複製（コピー）、転載は著作権法上の例外を除き禁じられています。
落丁本・乱丁本は (株) ワニブックス営業部宛にお送りください。 送料弊社負担にてお取り換え致します。